高职高专大数据技术与应用专业系列教材

Web 前端开发技术

主　编　胡耀民　陈惠红　陈海锋

副主编　吴继征　周　江　郭泽斌

　　　　兆　晶　万亚男

西安电子科技大学出版社

内 容 简 介

　　本书以 Web 前端开发技术的知识点为基线，从网站基础开始，结合大量案例，全面、详实地介绍了使用 HTML5+CSS3+JavaScript+jQuery+Bootstrap 开发 Web 网站前端页面的具体方法与步骤，引导读者从零开始，一步步掌握 Web 开发的全过程。

　　本书共 8 章，主要内容包括 HTML5 基础知识、CSS3 基础、CSS3 的多彩渲染、JavaScript 基础知识、JavaScript 对象和函数、JavaScript 开发实例、jQuery 技术、Bootstrap 技术。其中详细介绍了 DOM 和 BOM、JavaScript 与 HTML5 新标签搭配使用的方法和技术，并且通过 jQuery、Bootstrap 框架，详细地讲解了 Web 前端网页特效的设计与制作方法。

　　本书内容丰富、理论与实践相结合，适合作为高职高专大数据技术与应用、网页设计与制作课程的教材以及 Web 前端开发技术(1+X)证书的培训教材，同时还可以作为网页制作、美工设计、网站开发、网页编程等岗位从业人员的参考书。

图书在版编目(CIP)数据

Web 前端开发技术 / 胡耀民，陈惠红，陈海锋主编 . —西安：西安电子科技大学出版社，2021.8（2023.9 重印）

ISBN 978-7-5606-6105-6

Ⅰ . ①W… 　Ⅱ . ①胡… 　②陈… 　③陈… 　Ⅲ . ①网页制作工具 　Ⅳ . ① TP393.092.2

中国版本图书馆 CIP 数据核字(2021)第 148356 号

策　　划　明政珠
责任编辑　明政珠　成　毅
出版发行　西安电子科技大学出版社(西安市太白南路 2 号)
电　　话　(029)88202421　88201467　　　　邮编　710071
网　　址　www.xduph.com　　　　　　电子邮箱　xdupfxb001@163.com
经　　销　新华书店
印刷单位　陕西日报印务有限公司
版　　次　2021 年 8 月第 1 版　　2023 年 9 月第 2 次印刷
开　　本　787 毫米×1092 毫米　　1/16　印张　15.5
字　　数　357 千字
印　　数　2001～4000 册
定　　价　59.00 元

ISBN 978-7-5606-6105-6 / TP

XDUP 6407001-2

*** 如有印装问题可调换 ***

序
Preface

在举世瞩目的十九大报告中，习近平总书记提出："加快建设制造强国，加快发展先进制造业，推动互联网、大数据、人工智能和实体经济深度融合……"。自 2014 年首次写入政府工作报告，大数据逐渐成为各级政府关注的热点。2015 年 9 月，国务院印发《促进大数据发展行动纲要》，系统部署了我国大数据发展工作，至此，大数据已成为国家级的发展战略。2017 年 1 月，工信部编制印发了《大数据产业发展规划（2016—2020 年）》。

为对接大数据国家发展战略，教育部批准于 2017 年开办高职大数据技术与应用专业，2017 年全国共有 64 所职业院校获批开办大数据技术与应用专业，到 2020 年，全国共有 619 所高职院校成功申报大数据技术与应用专业。目前大数据技术与应用专业已经成为高职院校最火爆的新设专业。

为培养满足经济社会发展的大数据人才，加强粤港澳大湾区区域内高职院校的协同育人和资源共享，2018 年 6 月，在广东省人才研究会的支持下，由广州番禺职业技术学院牵头，联合深圳职业技术学院、广东轻工职业技术学院、广东科学技术职业学院、广州市大数据行业协会、佛山市大数据行业协会、香港大数据行业协会、广东职教桥数据科技有限公司、广东泰迪智能科技股份有限公司等 200 余家高职院校、协会和企业，成立了广东省人才研究会大数据产教联盟，联盟先后开展了大数据产业发展、人才培养模式、课程体系构建、深化产教融合等主题研讨活动。

课程体系是专业建设的顶层设计，教材开发是专业建设和三教改革的核心内容。为了贯彻党的十九大精神，普及和推广大数据技术，为高职院校人才培养做好服务，西安电子科技大学出版社在广泛调研的基础上，结合自身的出版优势，联合广东省人才研究会大数据产教联盟策划了"高职高专大数据技术与应用专业系列教材"。

为此，广东省人才研究会大数据产教联盟和西安电子科技大学出版社于 2019 年 7 月在广东职教桥数据科技有限公司召开了"广东高职大数据技术与应用专业课程体系构建与教材编写研讨会"。来自广州番禺职业技术学院、深圳职业技术学院、深圳信息职业技术学院、广东科学技术职业学院、广东轻工职业技术学院、中山职业技术学院、广东水利电力职业技术学院、佛山职业技术学院、广东职教桥数据科技有限公司、广东泰迪智能科技股份有限公司和西安电子科技大学出版社等单位的 30 余位校企专家参与研讨。大家围绕大数据技术与应用专业人才培养定位、培养目标、专业基础（平台）课程、专业能力课程、专业拓展（选修）课程及教材编写方案进行了深入研讨，最后形成了如表 1 所示的高职高专大数据技术与应用专业课程体系。在课程体系中，为加强动手能力的培养，从第三学期到第五学期，开设了 3 个共 8 周的项目实训；为形成专业特色，第五学期的课程，除 4 周的大数据项目开发实践外，其他都是专业拓展课程，各学校根据区域大数据产业发展需求、学生职业发展需要和学校办学条件，开设纵向延伸、横向拓宽及 X 证书的专业拓展选修课程。

表 1　高职高专大数据技术与应用专业课程体系

序　号	课程名称	课程类型	建议课时
第一学期			
1	大数据技术导论	专业基础	54
2	Python 编程技术	专业基础	72
3	Excel 数据分析应用	专业基础	54
4	Web 前端开发技术	专业基础	90
第二学期			
5	计算机网络基础	专业基础	54
6	Linux 基础	专业基础	72
7	数据库技术与应用 (MySQL 版或 NoSQL 版)	专业基础	72
8	大数据数学基础——基于 Python	专业基础	90
9	Java 编程技术	专业基础	90
第三学期			
10	Hadoop 技术与应用	专业能力	72
11	数据采集与处理技术	专业能力	90
12	数据分析与应用——基于 Python	专业能力	72
13	数据可视化技术 (ECharts 版或 D3 版)	专业能力	72
14	网络爬虫项目实践 (2 周)	项目实训	56
第四学期			
15	Spark 技术与应用	专业能力	72
16	大数据存储技术——基于 HBase/Hive	专业能力	72
17	大数据平台架构 (Ambari，Cloudera)	专业能力	72
18	机器学习技术	专业能力	72
19	数据分析项目实践 (2 周)	项目实训	56
第五学期			
20	大数据项目开发实践 (4 周)	项目实训	112
21	大数据平台运维 (含大数据安全)	专业拓展 (选修)	54
22	大数据行业应用案例分析	专业拓展 (选修)	54
23	Power BI 数据分析	专业拓展 (选修)	54

序　　号	课程名称	课程类型	建议课时
24	R 语言数据分析与挖掘	专业拓展（选修）	54
25	文本挖掘与语音识别技术——基于 Python	专业拓展（选修）	54
26	人脸与行为识别技术——基于 Python	专业拓展（选修）	54
27	无人系统技术（无人驾驶、无人机）	专业拓展（选修）	54
28	其他专业拓展课程	专业拓展（选修）	
29	X 证书课程	专业拓展（选修）	
第六学期			
30	毕业设计		
31	顶岗实习		

基于此课程体系，与会专家和老师研讨了大数据技术与应用专业相关课程的编写大纲，各主编教师就相关选题进行了写作思路汇报，大家相互讨论，梳理和确定了每一本教材的编写内容与计划，最终形成了该系列教材。

本系列教材由广东省部分高职院校联合大数据开发与人工智能应用的企业共同策划出版，汇聚了校企多方资源及各位主编和专家的集体智慧，在本系列教材出版之际，特别感谢深圳职业技术学院数字创意与动画学院院长聂哲教授、深圳信息职业技术学院软件学院院长蔡铁教授、广东科学技术职业学院计算机工程技术学院（人工智能学院）院长曾文权教授、广东轻工职业技术学院信息技术学院院长秦文胜教授、中山职业技术学院信息工程学院院长史志强教授、顺德职业技术学院智能制造学院院长杨小东教授、佛山职业技术学院电子信息学院院长唐建生教授、广东水利电力职业技术学院计算机系系主任敖新宇教授，他们对本系列教材的出版给予了大力支持，安排学校的大数据专业带头人和骨干教师积极参与教材的开发工作；特别感谢广东省人才研究会大数据产教联盟秘书长、广东职教桥数据科技有限公司董事长陈劲先生提供交流平台和多方支持；特别感谢广东泰迪智能科技股份有限公司董事长张良均先生为本系列教材提供技术支持和企业应用案例；特别感谢西安电子科技大学出版社副总编毛红兵女士为本系列教材提供出版支持；也要感谢广州番禺职业技术学院信息工程学院胡耀民博士、詹增荣博士、陈惠红老师、赖志飞博士等的积极参与；再次感谢所有为本系列教材出版付出辛勤劳动的各院校的老师、企业界的专家和出版社的编辑！

由于大数据技术发展迅速，教材中的欠妥之处在所难免，敬请各位专家和使用者批评指正，以便改正完善。

广州番禺职业技术学院

余明辉

2020 年 6 月

高职高专大数据技术与应用专业系列教材编委会

　　网页制作技术可以粗略地划分为前台浏览器端技术和后台服务器端技术，本书主要讲述前台浏览器端技术，也就是前端技术。在网页设计与网站开发中，通常使用HTML5负责页面结构，CSS3负责样式表现，JavaScript负责动态行为，HTML、CSS和JavaScript三者共同构成了丰富多彩的网页，它们使网页包含了更多活跃的元素和更加精彩的内容。尽管如今网页技术层出不穷，日新月异，但目前至少有一点是肯定的，不管是使用什么技术设计的网站，用户在客户端通过浏览器打开看到的网页都是静态网页，都是由HTML5+CSS3+JavaScript技术构建的网页。前端技术广泛应用于门户网站、BBS、博客、在线视频等，HTML5+CSS3+JavaScript技术成为Web2.0众多技术中不可替代的弄潮儿。所以如果想从事网页设计或从事网站管理相关工作，就必须掌握HTML5+CSS3+JavaScript技术。

　　jQuery是一个轻量级的库，实现了操作行为（JavaScript代码）和网页内容（HTML代码）的分离，凭借简洁的语法和跨平台的兼容性，极大地简化了JavaScript开发人员遍历HTML文档、操作DOM、处理事件、执行动画和开发AJAX的操作。它拥有强大的选择器、出色的DOM操作、可靠的事件处理机制、完善的兼容性、独创的链式操作方式等。jQuery以其独特而又优雅的代码风格改变了JavaScript程序员的设计思路和编程方式，受到越来越多的人的追捧，吸引了一批批的JavaScript开发者去学习和研究它。

　　Bootstrap是一个流行的前端UI框架，是快速开发Web应用程序的前端工具包。它是一个CSS、HTML和JavaScript的集合，使用了最新的浏览器技术，给用户的Web开发提供了时尚的版式、表单、按钮、表格、网格系统等，可用于快速构建Web应用程序。它具有移动设备优先、响应式设计、浏览器支持好、容易上手、容易定制的特点。Bootstrap作为一套完整的前端开发框架，与众多的其他框架相比较无疑是很受使用者欢迎的，其灵活性和易扩展性加速了响应式网页、项目开发的进程，推动了响应式技术的发展。本书在前端框架方面对Bootstrap进行了介绍，前端开发人员在项目开发中根据具体的项目需求，选择合适的开发方案。

　　技术的更新推动着院校课程的改革。目前很多高校的计算机专业和IT培训公司，都将基于HTML5+CSS3+JavaScript技术的开发课程作为必备课程，越来越多的院校也针对前端开发技术（1+X）证书的内容，对前端开发技术的课程内容进行知识点的细化。本书是编者根据自己的项目实践和教学经验，结合企业需求，以学生课堂实践为基础，以案例教学方法为主轴编写而成的。本书的编写，一方面，跟踪HTML5+CSS3+JavaScript+jQuery+Bootstrap技术的发展，根据市场需求，精心选择案例，突出重点、强调实用，使知识讲解全面、系统；另一方面，设计典型案例，将课堂教学与项目实践综合，既有利于学生学习知识，又有利于指导学生实践，真正使课堂动起来。

　　本书分四个部分，共8章，具体结构划分如下：

　　第一部分 HTML5基础知识，即第1章，主要介绍了网页和网站基础知识、HTML5的概念、HTML5文档结构、语义和结构元素、图像标识、超链接的使用、HTML5表格和表单标签等。

　　第二部分 CSS3基础知识，包括第2章和第3章。本部分主要讲解CSS3基本语法，CSS3选择器，CSS3框架模型，使用CSS3设计文本、超链接、图片、表格和链接，CSS3

动画样式等。

　　第三部分 JavaScript 技术，包括第 4 ～ 6 章。这部分内容主要讲解 JavaScript 基本语法和用法、对象和函数、使用 JavaScript 控制网页文档和浏览器、JavaScript 与 HTML5 新标签（Canvas、视频和音频）结合使用等。

　　第四部分框架技术，包括第 7 ～ 8 章。这部分内容主要讲解 jQuery 和 Bootstrap 框架的优缺点、使用方法、函数库、应用 jQuery 和 Bootstrap 框架开发 Web 应用程序和网站等。

　　本书的编写具有如下特点：

　　（1）知识全面。本书本着"学生好学、教师好教、企业需要"的原则，知识讲解由浅入深，结合前端框架技术（1+X）证书考试内容，涵盖了所有 HTML5、CSS3、JavaScript、jQuery、Bootstrap 技术知识点，便于读者循序渐进地掌握 HTML5+CSS3+JavaScript+jQuery+Bootstrap 技术网站前端开发技术。

　　（2）图文并茂。本书分别讲解 HTML5、CSS3、JavaScript+jQuery+Bootstrap 技术的内容，为读者描绘一幅 HTML5、CSS3、JavaScript、jQuery、Bootstrap 角色图，说明了这五个技术在前端开发这个大生态中扮演的角色。本书注重操作、图文并茂，在介绍案例的过程中，每一个操作均有对应的插图，这种图文结合的方式使读者在学习过程中能够直观、清晰地看到操作过程及其效果，便于快速地理解和掌握相关知识。

　　（3）案例丰富。本书把知识点融汇于系统的案例实训当中，采用理论介绍、案例演示、运行效果和源代码解释相结合的教学步骤，结合经典案例进行讲解和拓展，进而达到"知其然，并知其所以然"的效果。

　　（4）讲解详尽。本书思路清晰，语言平实，操作步骤详细，只要认真阅读本书，把书中的所有实例循序渐进地练习一遍，并独立完成本书所有的案例实战篇，就可以达到企业前端开发所需的要求。

　　（5）资源支持。读者可登录西安电子科技大学出版社网站免费下载本书的教学资源。本书所包括的源代码都经过严格测试，可以在 Windows 10/Windows 7 等平台、Google 浏览器下编译和运行。

　　本书由胡耀民、陈惠红、陈海锋担任主编，吴继征、周江、郭泽斌、兆晶、万亚男担任副主编。应用教研室的老师丘美玲、谢建华等对本书内容提供了技术指导，实验室管理员刘柱栋对本书提供了良好的运行平台，秘书吴晓澜帮忙校正了很多格式错误。西安电子科技大学出版社编辑为本书的出版提供了很多修改意见，这里一并感谢。

　　本书从初学者的角度出发，结合大量的案例，使学习不再枯燥、教条，因此要求读者边学习边实践操作，避免学习浮于表面、限于理论。本书作为入门书籍，知识点比较庞杂，所以不可能面面俱到详细展开。技术学习的关键是方法，本书在很多实例中体现了方法的重要性，读者只要掌握了各种技术的应用方法，在学习更深入的知识时便可大大提高自学的效率。

　　由于编者水平有限，书中难免存在疏漏和不足之处，敬请广大读者批评指正，使本书得以改进和完善。

编　者

2021 年 4 月

目 录
Contents

第一部分

HTML5 基础知识

第 1 章　HTML5 基础知识

HTML(HyperText Markup Language) 即超文本标记语言。2014 年 10 月 HTML 的第 5 版本标准定稿后简称 HTML5，现在互联网应用开发使用的基本是该版本。HTML5 编写的文件 (文档) 的扩展名是 ".html" 或 ".htm"，它们是可供浏览器解释的文件格式。HTML5 文档是由多种嵌套元素构成的，几乎每个元素都是由一对标签包裹着的内容组成的，形如 < 元素名 > 内容 </ 元素名 >，< 元素名 > 称为起始标签，</ 元素名 > 称为结束标签。本章介绍了 HTML5 的基础知识，包括文档基本结构、文字排版、表单制作、表格和列表制作、超链接、图文混排等方面的内容。从本章开始，可以使用 Sublime、VS Code 或 Hbuilder 等编辑工具来编写 HTML 文件。

1.1　文档基本结构

HTML 文档元素有很多种类型，它们的功能也是多种多样的。HTML5 文档有严格的文档结构，其中结构元素定义了整个文档结构，划分了 HTML 文档的层次。

1.1.1　文档结构元素

文档结构元素分为 <html> 元素、<head> 元素、<title> 元素、<body> 元素、<meta> 元素等。

<html> 元素由 <html></html> 标签对表示。<html> 标签用于 HTML 文档的最前边，用来标识 HTML 文档的开始；而 </html> 标签，它放在 HTML 文档的最后边，用来标识 HTML 文档的结束。<html></html> 标签对必须一起使用。

<head> 元素由 <head></head> 标签对表示。<head></head> 构成 HTML 文档的开头部分，在此标签对之间可以使用 <title></title>、<script></script> 等标签对，这些标签对都是描述 HTML 文档相关信息的标签对。<head></head> 标签对之间的内容是不会在浏览器的框内显示出来的。<head></head> 标签对必须一起使用。

<body> 元素是 HTML 文档的主体部分。在 <body></body> 标签对之间可包含 <p></p>、<h1></h1>、
 等众多的标签对，它们所定义的文本、图像等将会在浏览器的框内显示出来。<body> </body> 标签对必须一起使用。

<title> 元素是网页的主题信息，使用过浏览器的人可能都会注意到浏览器窗口最上边部分显示的文本信息，那些信息一般是网页的"主题"。将网页的主题显示到浏览器的顶部其实很简单，只要在 <title></title> 标签对之间加入我们要显示的文本即可。

注意：<title></title> 标签对只能放在 <head></head> 标签对之间。

<meta> 元素可提供有关网页页面的元信息 (meta-information)，比如针对搜索引擎和更新频度的描述和关键词。<meta> 可申明页面的编码方式，这对中文网站尤为重要。<meta> 元素应该包含在 <head> 元素内部。

例 1-1 说明了以上各个元素的标签对在一个 HTML 文档结构中的使用位置。

【例 1-1】 HTML 文档结构标签的使用实例。

```
<html>
<head>
<title> 标题，显示在浏览器顶部中的文本 </title>
<meta charset="utf-8" />
<meta name="keywords" content="HTML,HTML5,CSS3">
</head>
<body bgcolor="red" text="blue">
<p> 这是文档主体内的段落文本，红色背景、蓝色文本 </p>
</body>
</html>
```

例 1-1 的运行效果如图 1-1 所示。

图 1-1　HTML 文档结构标签使用实例的运行效果图

例 1-1 中用到了 <body> 标签的两个属性，说明如下：

(1) bgcolor: 设置背景颜色。"<body bgcolor="red">"表示设置红色背景；

(2) text: 设置文本颜色。"<body text="blue">"表示设置蓝色文本。

1.1.2　文档语义元素

在 Web 前端开发技术中，以前通常会采用 DIV+CSS 布局 HTML 的页面，但是这样的布局方式不仅使文档结构不够清晰，不利于页面的后期维护升级，也不利于浏览器对页面的读取和理解，所以 HTML5 新增了很多新的文档语义元素。文档语义元素能让浏览器更好地读取页面结构，更便于团队开发和维护。遵循 W3C(World Wide Web Consortium，万维网联盟) 标准的团队都使用文档语义元素，这样可以减少差异化。

常用的文档语义元素包括 <header>(头部)、<nav>(导航栏)、<section>(区块)、<article>(主要内容)、<aside>(侧边栏)、<footer>(底部)。有了文档语义元素，HTML 文档大致可以按图 1-2 所示设计显示页面的框架。

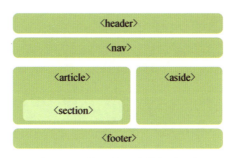

图 1-2　文档语义元素的摆放示例

注意：文档语义元素不带渲染格式，渲染格式依赖于 CSS 或者内联 style 属性。故该类文档语义元素可认为是对传统 <div> 元素的语义明确化，如例 1-2 所示。

【例 1-2】　带有 CSS 样式的文档语义元素使用实例。

```
<!DOCTYPE html>
<html>
<head>
<style>
header {
    background-color:black;
    color:white;
    text-align:center;
    padding:5px;
}
nav {
    line-height:30px;
    background-color:#eeeeee;
    height:300px;
    width:100px;
    float:left;
    padding:5px;
}
section {
    width:350px;
    float:left;
    padding:10px;
}
footer {
    background-color:black;
    color:white;
    clear:both;
    text-align:center;
    padding:5px;
}
</style>
</head>
<body>
<header>
```

```
        <h1> 城市展示 </h1>
        </header>
        <nav>
        北京 <br>
        上海 <br>
        广州 <br>
        </nav>
        <section>
        <h2> 北京市 </h2>
        <p> 北京市，简称 " 京 "，古称燕京、北平，是中华人民共和国首都、省级行政区、直辖市、
国家中心城市、超大城市，国务院批复确定的中国政治中心、文化中心、国际交往中心、科技创
新中心 [1]。截至 2018 年，全市下辖 16 个区，总面积 16 410.54 平方千米，2019 年末，常住人口
2153.6 万人。北京地处中国北部，是世界著名古都和现代化国际城市，中华人民共和国中央人民
政府和全国人民代表大会常务委员会的办公所在地。[4]</p>
        <p> 北京地势西北高、东南低。西部、北部和东北部三面环山。</p>
        </section>
        <footer>
        天马星空公司版权所有
        </footer>
        </body>
        </html>
```

例 1-2 的运行效果如图 1-3 所示。

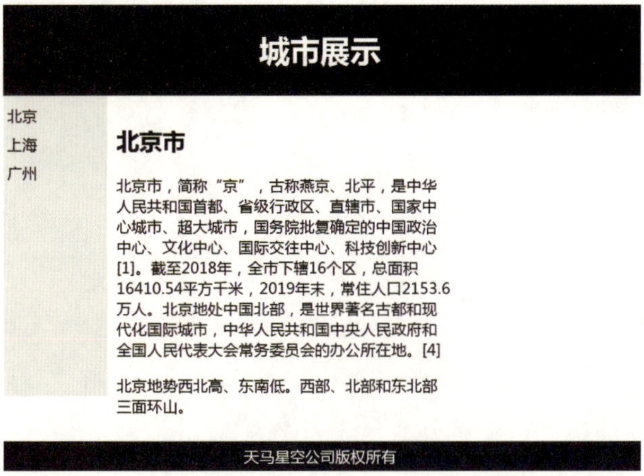

图 1-3　带有 CSS 样式的文档语义元素使用实例运行效果图

1.1.3　行内元素和块级元素

1. 行内元素

HTML5 行内元素在浏览器上显示的时候通常不会另起一行，如 <b>、<td>、<a>、<img> 等元素。特别要提到的是 <span> 元素，<span> 元素是内联元素，可用作文本的容器。<span> 元素没有特定的含义，主要用来和 CSS 配合设置部分文本的样式，如例 1-3 所示。

　【例 1-3】　显示行内元素 <img> 和 <span> 的使用开发实例。

```
<!DOCTYPE html>
<html>
<style>
    span{
        color: red;
        font-size: 26px;
    }
</style>
<body>
<h2><span>img 元素是行内元素 </span>，未设置对齐方式的图像：</h2>
<p> 图像 <img src ="eg_chinarose.jpg" width="50px"> 在文本中 </p>
<h2> 已设置对齐方式的图像：</h2>
<p><span>img 元素是行内元素 </span>，图像 <img src="eg_chinarose.jpg" width="50px"
align= "bottom"> 在文本中，垂直对齐方式为底部对齐 </p>
<p><span>img 元素是行内元素 </span>，图像 <img src ="eg_chinarose.jpg" width="50px"
align= "middle"> 在文本中，垂直对齐方式为居中对齐 </p>
<p><span>img 元素是行内元素 </span>，图像 <img src ="eg_chinarose.jpg" width="50px"
align="top"> 在文本中，垂直对齐方式为顶部对齐 </p>
<p> 请注意，bottom 对齐方式是默认的对齐方式。</p>
</body>
</html>
```

例 1-3 的运行效果如图 1-4 所示。

根据图 1-4 的显示结果，作为行内元素的 <img> 和 <span> 都不会另起一行，而是和前面的内容在同一行。

2. 块级元素

块级元素在显示时会另起一行，典型的块级元素如 <p> 和 <div>。<div> 元素是可用于组合其他 HTML 元素的容器。<div> 元素没有特定的含义，由于它是块级元素，所以浏览器会在其前后显示折行。如果与 CSS 一同使用，

图 1-4　显示行内元素 <img> 和 <span> 的
使用开发实例运行效果图

<div> 元素可用于对大的内容块设置样式属性。<div> 元素的另一个常见的用途是文档布局。它取代了使用表格定义布局的老式方法。如果按照传统的 <div>+CSS 布局的话，则其页面实现形式和图 1-3 的效果相同，代码则如例 1-4 所示。

【例 1-4】　<div>+CSS 布局设计开发实例。

```
<!DOCTYPE html>
<html>
<head>
<style>
#header {
    background-color:black;
    color:white;
    text-align:center;
```

```
        padding:5px;
    }
    #nav {
        line-height:30px;
        background-color:#eeeeee;
        height:300px;
        width:100px;
        float:left;
        padding:5px;
    }
    #section {
        width:350px;
        float:left;
        padding:10px;
    }
    #footer {
        background color:black;
        color:white;
        clear:both;
        text-align:center;
        padding:5px;
    }
    </style>
    </head>
    <body>
    <div id="header">
    <h1> 城市展示 </h1>
    </div>
    <div id="nav">
    北京 <br>
    上海 <br>
    广州 <br>
    </div>
    <div id="section">
    <h2> 北京市 </h2>
    <p>
    北京市,简称 " 京 ",古称燕京、北平,是中华人民共和国首都、省级行政区、直辖市、国家中
心城市、超大城市,国务院批复确定的中国政治中心、文化中心、国际交往中心、科技创新中心 [1]。
截至 2018 年,全市下辖 16 个区,总面积 16 410.54 平方千米,2019 年末,常住人口 2153.6 万人。北
京地处中国北部,是世界著名古都和现代化国际城市,中华人民共和国中央人民政府和全国人民代
表大会常务委员会的办公所在地。 [4]
    </p>
    <p>
    北京地势西北高、东南低。西部、北部和东北部三面环山。
    </p>
    </div>
    <div id="footer">
```

```
天马星空公司版权所有
</div>
</body>
</html>
```

1.2　文字排版

页面制作时需要对内容进行排版，主要涉及如何在浏览器中输出文本，以及设置文本输出的格式和字体，如斜体、黑体字，加下划线等。

1.2.1　分段

在网页中进行排版时经常要在 HTML5 文档中创建自然段，<p> 元素用来创建一个段落，即在 <p></p> 标签对之间加入的文本将按照段落的格式显示在浏览器上，<p> 元素的内容前后有空行。

另外，<p> 元素还可以使用 align 属性，它用来说明对齐方式，语法是：<p align=""></p>。align 可以是 Left(左对齐)、Center(居中对齐) 和 Right(右对齐) 三个值中的任何一个，如 <p align="Center"></p> 表示标签对中的文本使用居中的对齐方式。<p> 元素的开发实例如例 1-5 所示。

【例 1-5】　段落元素 <p> 的开发实例。

```
<html>
<body>
<p align="left"> 这是段落。</p>
<p align="right"> 这是段落。</p>
<p align="ceter"> 这是段落。</p>
<p> 这是段落。</p>
</body>
</html>
```

例 1-5 的运行效果如图 1-5 所示。

图 1-5　例 1-5 段落元素 <p> 的开发实例运行效果图

1.2.2　换行

HTML 文档的换行效果必须通过
 元素实现。
 是一个很简单的元素，它没有结束标签。在
 的使用上还有一定的技巧，如果我们把
 加在 <p> </p> 标签对的外边，那么将创建一个大的回车换行，即
 前边和后边的文本的行与行之间的距离比较大；若放在 <p> 和 </p> 标签对的里边，则
 前边和后边的文本的行与行之间的距离将比较小，开发实例如例 1-6 所示。

【例 1-6】
 元素的使用开发实例。

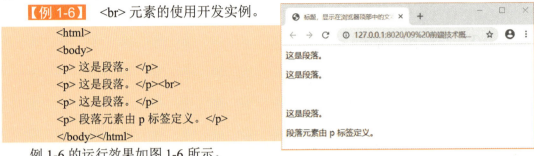

```
<html>
<body>
<p> 这是段落。</p>
<p> 这是段落。</p><br>
<p> 这是段落。</p>
<p> 段落元素由 p 标签定义。</p>
</body></html>
```

例 1-6 的运行效果如图 1-6 所示。

图 1-6　例 1-6 的运行效果图

1.2.3　块引用

页面中块引用效果是通过 <blockquote> 元素来实现的，该元素的作用是对加入 <blockquote> </blockquote> 标签对之间的文本在浏览器中按两边缩进的方式显示出来，开发实例如例 1-7 所示。

【例 1-7】 <blockquote> 元素的使用开发实例。

```
<html>
<body>
<blockquote>
<p> 这是段落。</p>
<p> 这是段落。</p><br>
<p> 这是段落。</p>
<p> 段落元素由 p 标签定义。</p>
</blockquote>
</body></html>
```

例 1-7 的运行效果如图 1-7 所示。

图 1-7　例 1-7 的运行效果图

1.2.4　预定义

有时我们希望在网页中出现特定排版格式的内容，如带多层缩进的程序代码，此时可以使用 <pre> 元素来对文本进行预处理操作，这将使得浏览器上渲染出的内容带有预定义格式，如例 1-8 所示。

注意：会导致段落断开的标签 (例如标题、<p> 和 <address> 标签) 绝不能包含在 <pre> 所定义的块里，因为这会使得这些标签失效或者产生其他意想不到的效果。

【例 1-8】 <pre> 元素的开发实例。

```
<!DOCTYPE html>
<html>
<head>
    <meta charset="utf-8" />
    <title> 预格式文本 </title>
</head>
<body>
<p>pre 标签很适合显示计算机代码：</p>
<pre>
    public static void main(String[] args){
int sum=0;
for(int i=0;i<10;i++){
    sum+=i;
    i++;
}
system.out.print(sum);
}
</pre>
</body>
</html>
```

例 1-8 的运行效果如图 1-8 所示。

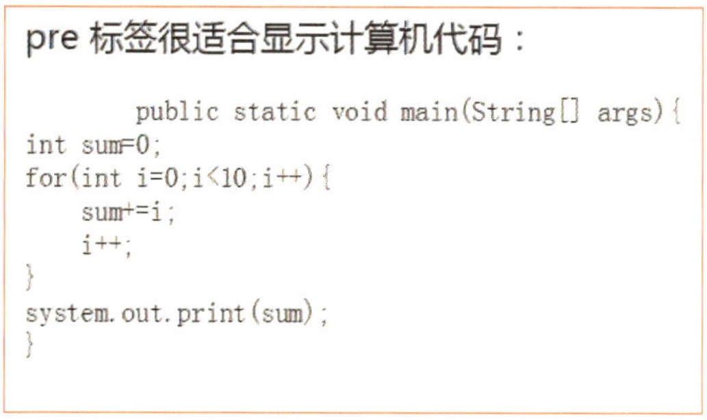

```
pre 标签很适合显示计算机代码：

        public static void main(String[] args){
int sum=0;
for(int i=0;i<10;i++){
    sum+=i;
    i++;
}
system.out.print(sum);
}
```

图 1-8 <pre> 元素的开发实例运行效果图

1.2.5 标题

网页中经常出现需要分多级标题进行排版的情形，而 HTML 语言则提供了一系列对文本中的标题进行操作的标签：<h1>……<h6>，即一共有六级标题的标题标签。<h1></h1> 是最大的标题，而 <h6></h6> 则是最小的标题，也即标签中 h 后面的数字越大标题文本就越小，如例 1-9 所示。如果 HTML 文档中需要输出标题文本的话，便可以使用这六对标题标签对中的任何几对。

【例 1-9】 标题标签的开发实例。

```html
<html>
    <head>
        <title> 案例运行结果 </title>
        <meta charset="UTF-8">
    </head> <body>
        <h1 align="center"> 第一章 </h1>
        <h2 align="left">1. 第一节 HTML5 基础知识 </h2>
        <h3 align="left">1.2 文字排版 </h3>
        <h4> 强调： </h4>
        <p>
            Html 语言提供了一系列对文本中的标题进行操作的标签对
        </p>
    </body>
</html>
```

例 1-9 的运行效果如图 1-9 所示。

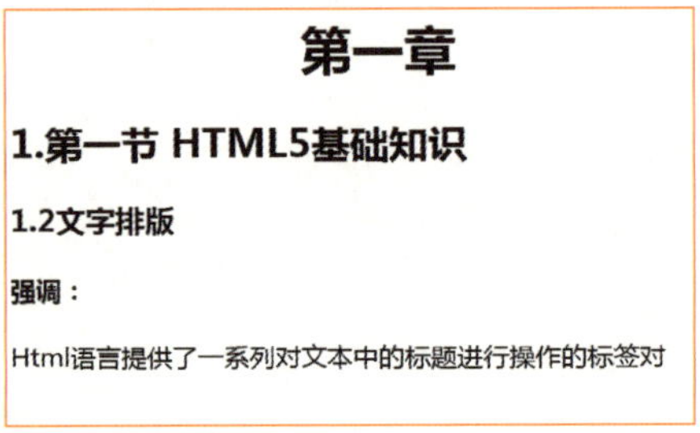

图 1-9　标题标签的开发实例运行效果图

1.2.6　字体

页面中经常要使用不同字体以强调文字内涵，在 HTML 文档中需用特定元素来表示特定的字体形式。<b> 元素和 <strong> 元素用来使文本以黑体字的形式输出；<i> 元素和 <em> 元素用来使文本以斜体字的形式输出；<u> 元素用来使文本以加下划线的形式输出，开发实例如例 1-10 所示。<sub> 元素表示内部文本是下标，<sup> 元素表示内部文本为上标，<q> 元素表示内部内容是引用别人的话语。

【例 1-10】 字体元素的开发实例。

```html
<!DOCTYPE html>
<html>
<head>
    <title> 文本格式 </title>
</head>
<body>
<b> 注意：利用字体变体元素能够编辑简单的数学公式和方程等。</b>
<br>
已知数列：A=A<sub>1</sub>,A<sub>2</sub>,A<sub>3</sub>,A<sub>4</sub>
<br/>
质能方程：
```

```
        <i>
        E=MC<sup>2</sup>
        </i>
        <br/>
        老子说：<q>上善若
水。水善利万物而不争，处
众人之所恶，故几于道</q>
        </body>
        </html>
```

注意：利用字体变体标签能够编辑简单的数学公式和方程等。
已知数列：$A=A_1,A_2,A_3,A_4$
质能方程：$E=MC^2$
老子说："上善若水。水善利万物而不争,处众人之所恶,故几于道。"

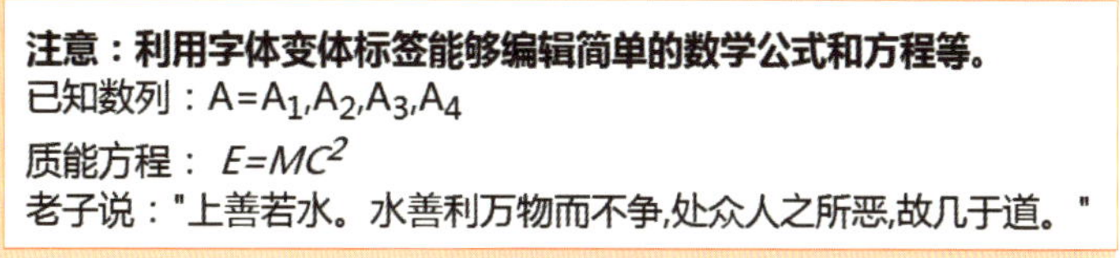

图 1-10　字体元素的开发实例运行效果图

例 1-10 的运行效果如图 1-10 所示。

1.3　表单制作

表单在 Web 网页中用来让访问者输入数据，当提交表单时，表单中输入的数据被打包传递给 Web 服务器端的程序进行处理，从而使得 Web 服务器与用户之间具有交互功能。

1.3.1　表单

HTML5 中使用 <form> 元素来创建一个表单，也即定义表单的开始和结束位置，在标签对之间的一切都属于表单的内容。<form> 标签具有 action、method 和 target 属性。action 的值是处理程序的程序名（包括网络路径：网址或相对路径），如 <form action=".net/counter.cgi">，当用户提交表单时，服务器将执行网址 .net/ 上的名为 counter.cgi 的 CGI 程序。method 属性用来指定表单所用 HTPP 协议的方法，如 get 方法、post 方法等。target 属性用来指定目标窗口或目标帧。表单在 Web 网页中用来给访问者填写信息，从而能获得用户信息，使网页具有交互的功能。一般是将表单设计在一个 HTML 文档中，当用户填写完信息后做提交 (submit) 操作，于是表单的内容就从客户端的浏览器传送到服务器上，经过服务器上的 ASP 或 CGI 等处理程序处理后，再将用户所需信息传送回客户端的浏览器上，这样网页就具有了交互性。这里我们只讲怎样使用 HTML 标签来设计表单，具体的开发实例如例 1-11 所示。

【例 1-11】　一个简单的表单开发实例。

```
<form action= "http://localhost:8080/MyApp/1.jsp"method="post">
    用户名：<input type ="text" name="userName"/><br/>
    年龄：<input type="text" name="age"/><br/>
    <input type="submit"/>
</form>
```

例 1-11 的运行效果如图 1-11 所示。

图 1-11　一个简单的表单开发实例运行效果图

在例 1-11 中，点击"提交"按钮后，浏览器根据表单控件元素名称和表单控件元素值打包表单中输入的数据，发送给 action 属性指定的服务器端程序，表单所在页面也相应跳转，如果 action 值为空或不写，表示提交给当前页面。根据 method 属性值 (get 或 post) 的不同，浏览器发送打包数据的形式也有所不同。

1. get 方式

(1) method 属性值：get。

(2) 浏览器在 action 指定的 URL 地址后以"？"形式带上打包数据，多个打包数据之间以"&"分隔。

(3) 一般限制在 1KB 以下。

2. post 方式

(1) method 属性值：post。

(2) 浏览器将打包数据作为请求消息的实体内容进行发送。

(3) 传送的数据量要比使用 get 方式的大得多。

1.3.2　输入框

页面中需要用户录入信息时，使用 <input> 元素来创建输入框，<input> 是表单中最重要的一个标签。按 input 的类型可以把表单元素分为有文本框、密码框、单选按钮、复选框、图片按钮、文件域、邮箱、网址、数字、滑动条、搜索框等，用户通过指定 <input> 的 type 属性 (如表 1-1 所示) 使浏览器分别渲染出不同的输入控件。

表 1-1　<input> 的 type 属性表

类　型	说　明	用　法
text	单行的文本输入区域。size 与 maxlength 属性用来定义此种输入区域显示的尺寸大小与输入的最多字符数	<input type="text">
submit	将表单内容提交给服务器的按钮	<input type="submit">
reset	将表单内容全部清除，重新填写的按钮	<input type="reset">
checkbox	复选框。checked 属性用来设置该复选框缺省时是否被选中	<input type="checkbox">
hidden	隐藏区域。用户不能在其中输入信息，用来预设某些要传送的信息	<input type="hidden">
image	使用图像来代替 submit 按钮。图像的源文件名由 src 属性指定，用户点击后，表单中的信息和点击位置的 X、Y 坐标一起传送给服务器	<input type="image">
password	输入密码的区域。当用户输入密码时，区域内将会显示"*"	<input type="password">
radio	单选框	<input type="radio">
color	颜色选择器。能使用系统提供的颜色拾取器选择颜色	<input type="color">
date	日期选择器。浏览器提供一个日期选择器让用户选取日期	<input type="date">

续表

类　型	说　　明	用　法
datetime	日期时间选择器。浏览器提供一个日期时间选择器让用户选择日期时间	`<input type="datatime">`
datetime-local	日期时间选择器（本地）。浏览器提供一个选择器让用户选择本地时间	`<input type="datetime-local">`
month	月份选择器。浏览器提供一个选择器让用户选择月份	`<input type="month">`
time	时间选择器。浏览器提供一个选择器让用户选择时间	`<input type="time">`
week	周选择器。浏览器提供一个选择器让用户选择周	`<input type="week">`
email	邮件输入框，能校验数据是否符合 E-mail 的格式	`<input type="email">`
number	数字输入框，能校验数据是否为数字	`<input type="number">`
range	数字滑动条，能使用鼠标滑动以调整数值	`<input type="range">`
url	Web 地址输入框，能校验数据是否为数字	`<input type="url">`
search	搜索输入框	`<input type="search">`
tel	电话号码输入框	`<input type="tel">`

`<input>` 的 type 属性类型使用如例 1-12 所示。

【例 1-12】　`<input>` 的 type 属性类型使用开发实例。

```
<html>
    <head></head>
    <body>
    <form action="http://www..." method="get">
    <!-- label 标签定义表单控件的文字标注，input 类型为 text 定义了一个单行文本输入框 -->
    <p>
    <label> 姓名：</label><input type="text" name="username" />
    </p>
    <!-- input 类型为 password 定义了一个密码输入框 -->
    <p>
    <label> 密码：</label><input type="password" name="password" />
    </p>
    <!-- input 类型为 radio 定义了单选框 -->
    <p>
    <label> 性别：</label>
    <input type="radio" name="gender" value="0" /> 男
    <input type="radio" name="gender" value="1" /> 女
    </p>
    <!-- input 类型为 number 定义了单选框 -->
    <p> 年龄 : <input type="number" name="age" min="1" max="120" /></p>
    <!-- input 类型为 range 定义了单选框 -->
    <p> 能力值 <input type="range" name="points" min="1" max="1000" /></p>
    <!-- input 类型为 tel 定义了单选框 -->
    <p> 电话：<input type="tel" name="telphone"/></p>
```

```html
<!-- input 类型为 email 定义了单选框 -->
<p>E-mail: <input type="email" name="user_email" /><br /></p>
<!-- input 类型为 url 定义了单选框 -->
<p> 个人网站 : <input type="url" name="user_url" /></p>
<!-- input 类型为 date 定义了单选框 -->
<p> 出生日期 : <input type="date" name="birth_date" /></p>
<!-- input 类型为 color 定义了单选框 -->
<p> 喜欢的颜色 : <input type="color" name="love_color" /></p>
<!-- input 类型为 datetime-local 定义了单选框 -->
<p> 当前时间戳 <input type="datetime-local" name="dateandtime" /></p>
<!-- input 类型为 checkbox 定义了单选框 -->
<p>
<label> 爱好：</label>
<input type="checkbox" name="like" value="sing" /> 唱歌
<input type="checkbox" name="like" value="run" /> 跑步
<input type="checkbox" name="like" value="swiming" /> 游泳
</p>
<!-- input 类型为 file 定义上传照片或文件等资源 -->
<p>
<label> 照片：</label>
<input type="file" name="person_pic">
</p>
<input type="submit" name="" value=" 提交 ">
<!-- input 类型为 reset 定义重置按钮 -->
<input type="reset" name="" value=" 重置 ">
</p>
</form>
</body>
</html>
```

例 1-12 的运行效果如图 1-12 所示。

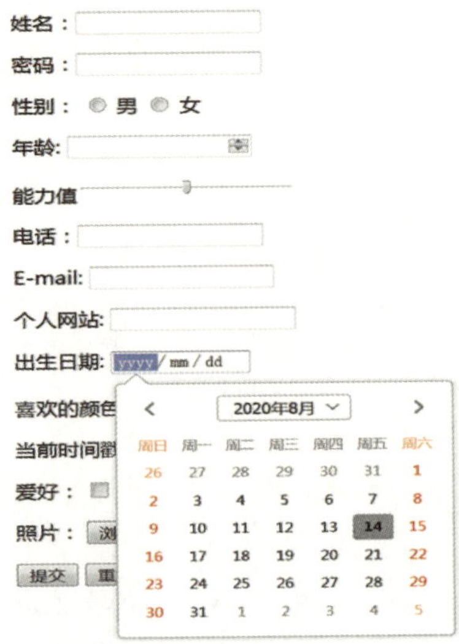

图 1-12　<input> 的 type 属性类型使用开发实例的运行效果图

<input> 元素除了 type 属性之外还有很多其他属性，具体见表 1-2。

表 1-2 <input> 标签的其他属性

属性	说　明	用　法
name	指定表单元素名称。该属性是为指明表单提交到服务端的控件所对应的变量名。除了要分组的单选框和复选框外，一般该属性在页面中不能重复出现，否则会引起服务端获取表单数据的错误	<input type="text" name="userName">
value	元素的初始值。该属性指明表单提交到服务端的数据值，不管在页面中的表现形式是否为数字，提交到服务端时都为字符串类型。如果在页面中该属性对应值为空，则服务端收集到的也为空字符串	<input type="submit" value=" 提交 ">
size	表示输入控件的宽度。表单元素的大小以字符为单位	<input type="text" size="20">
checked	type 为 radio 或 checkbox 时，指定按钮是否被选中	<input type="checkbox" name="like" value="sing" checked /> 唱歌
readonly	readonly 属性规定输入字段为只读形式 (不能修改)	<input type="text" name="name" value=" 李小明 " readonly>
disabled	disabled 属性规定输入字段是禁用的。被禁用的元素是不可用和不可点击的。被禁用的元素不会被提交	<input type="text" name="name" value=" 李小明 " disabled >
maxlength	当 type 为 text 或 password 时，输入的最大字符数	<input type="text" name="username" maxlength="20">
autocomplete	当自动完成开启后，浏览器会基于用户之前的输入值自动填写值 (默认是开启的)。autocomplete 属性适用于 <form> 以及如下 <input> 类型：text、search、url、tel、email、password、datepickers、range 和 color	<input type="email" name="email" autocomplete="on">
autofocus	autofocus 属性是布尔属性。如果进行设置，那么规定当页面加载时 <input> 元素应该自动获得焦点	姓名 :<input type="text" name="name" autofocus>
placeholder	placeholder 属性规定用以描述输入字段预期值的提示 (样本值或有关格式的简短描述)。 该提示会在用户输入值之前显示在输入字段中。 placeholder 属性适用输入的类型有：text、search、url、tel、email 和 password	<input type="text" name="name" placeholder=" 注册名应该是 6-20 位的字母数字组合 ">
required	required 属性是布尔属性。如果设置，则规定在提交表单之前必须填写输入字段。 required 属性适用的输入类型有：text、search、url、tel、email、password、date pickers、number、checkbox、radio、file	<input type="text" name="name" placeholder=" 这是必填字段 " required >

属性	说　　明	用　　法
pattern	pattern 属性规定用于检查 <input> 元素值的正则表达式。 　　pattern 属性适用的输入类型有：text、search、url、tel、email、password	<input type="text" name="mail_code" pattern="[A-Za-z]{6}" palceholder="6 位数字的邮政编码 ">
height 和 width	height 和 width 属性规定 <input> 元素的高度和宽度。 　　height 和 width 属性仅用于 <input type="image">	<input type="image" src="img_submit.gif" alt="Submit" width="48" height="48">
list	list 属 性 引 用 的 <datalist> 元 素 中 包 含 了 <input> 元素的预定义选项	<input type="url" name="user_url" list="url_list"/> <datalist id="url_list"> <option label=" 新浪 " value="http://www.sina.com.cn" /> <option label=" 搜狐 " value="http://www.sohu.com" /> <option label=" 网易 " value="http://www.163.com" /> </datalist>
min 和 max	min 和 max 属性规定 <input> 元素的最小值和最大值。 　　min 和 max 属性适用的输入类型有：number、range、date、datetime、datetime-local、month、time 以及 week	输入一个 1980-01-01 之前的日期： <input type="date" name="bday" max="1978-12-31"> 输入一个 2000-01-01 之后的日期： <input type="date" name="bday" min="2000-01-02"> 数量 (between 1 and 5)： <input type="number" name="quantity" min="1" max="5">

　　<input> 元素的属性值用法开发实例如例 1-13 所示。

　　【例 1-13】　<input> 元素的属性值用法开发实例。

```
<!DOCTYPE html>
<html>
    <head>
    <meta charset="utf-8" />
    <title>input 的属性 </title>
    </head>
    <body>
<form action="http://ww.baidu.com" method="get">
<p> 姓名：<input type="text" name="name"  placeholder=" 请输入姓名 " autocomplete="on" autofocus
required ="true"/></p>
    <p> 密码：<input type="password" name="name" /></p>
```

```
<p> 年龄 : <input type="number" name="age" min="1" max="120" /></p>
<p> 性别 : 男 <input type="radio" name="sex" value=" 男 " />
              女 <input type="radio" name="sex"  value=" 女 " />
</p>
<p> 能力值 : <input type="range" name="points" min="1" max="1000" /></p>
<p></p> 城市 : <select name="city">
              <option>- 请选择 -</option>
              <option selected="selected"> 北京 </option>
              <option> 上海 </option>
              <option> 广州 </option>
              </select><br /></p>
<p> 电话 : <input type="tel" name="telphone" pattern="^(0[\d]{2}-[\d]{7,8})|(0[\d]{3}-[\d]{7,8}) $"/>
</p>

<p>E-mail: <input type="E-mail" name="user_email" /><br /></p>
<p> 个人网站 : <input type="url" name="user_url" list="url_list"/></p>
<p> 出生日期 : <input type="date" name="birth_date" /></p>
<p> 喜欢的颜色 : <input type="color" name="love_color" /></p>
<p> 当前时间戳 <input type="datetime-local" name="dateandtime" /></p>
<p> 业余爱好 : 足球 <input type="checkbox" name="hobby"  value=" 足球 " />
篮球 <input type="checkbox" name="hobby"  value=" 篮球 " />
羽毛球 <input type="checkbox" name="hobby"  value=" 羽毛球 "/></p>
<datalist id="url_list">
      <option label=" 新浪 " value="http://www.sina.com.cn" />
      <option label=" 搜狐 " value="http://www.sohu.com" />
      <option label=" 网易 " value="http://www.163.com" />
</datalist>
<p><textarea rows="6" cols="50" placeholder=" 请输入个人简介 " wrap="hard" cols > </textarea>
</p>
<p> 上传个人照片 ( 可多张 ): <input type="file" name="img" multiple="multiple" /></p>
<input type="submit" value=" 提交到百度 " formtarget="_self"/>
<input type="submit" value=" 提交到搜狐 " formaction="http://www.sohu.com" formtarget="_blank" />
<input type="image" src="2.jpg" width="80px" height="30px" />
<input type="reset" />
</form>
</body>
</html>
```

例 1-13 的运行效果如图 1-13 所示。

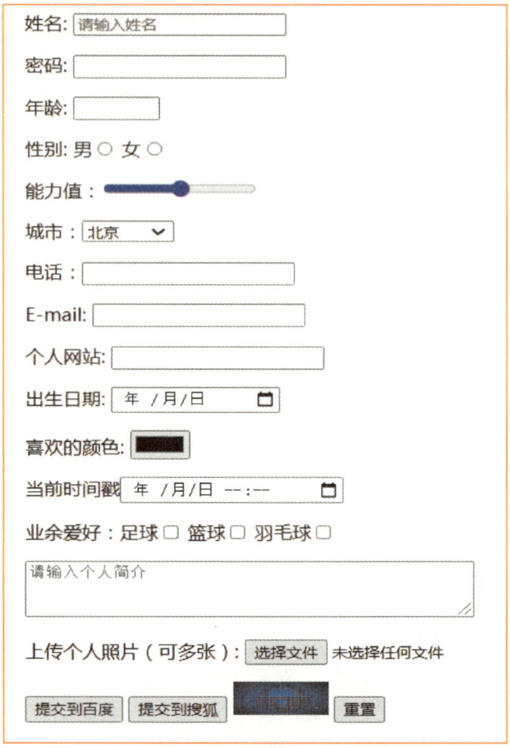

图 1-13　<input> 元素的属性值用法开发实例运行效果图

1.3.3　下拉列表和选项

用户在固定选项中选择的时候，是由 <select> 元素和 <option> 元素来共同完成的。<select> 元素创建一个下拉列表框或可以复选的列表框。<select></select> 标签对用于 <form> </form> 标签对之间。

<select> 具有 multiple、name 和 size 属性。multiple 属性不用赋值，直接加入标签中即可使用，加入了此属性后列表框就成了可多选的了；name 是此列表框的名字，它与表 1-2 中讲的 name 属性作用是一样的；size 属性用来设置列表的高度，缺省时值为 1，若没有设置 (加入)multiple 属性，显示的将是一个弹出式的列表框。

<option> 元素用来指定列表框中的一个选项，它放在 <select> 和 </select> 标签对之间。此标签具有 selected 和 value 属性。selected 属性用来指定默认的选项，value 属性用来给 <option> 指定的那一个选项赋值，这个值是要传送到服务器上的，服务器正是通过调用 <select> 区域名字的 value 属性来获得该区域选中的数据项的。如果 <option> 的 value 属性指定了值，则上传 value 属性指定的值到服务器，否则上传 <option> 和 </option> 标签对中的字符串到服务器；如果 <select> 设置了 multiple 属性，则上传到服务器的是一个字符串数组。下拉列表的开发实例如例 1-14 所示。

【例 1-14】　下拉列表的开发实例。

```
<html><head></head><body><form action="test.jsp" method="post">
    <p> 请选择最喜欢的男歌星:
```

```
        <select name=»gx1» size=»1»>
            <option value="ldh"> 刘德华
            <option value="zhxy" selected> 张学友
            <option value="gfch"> 郭富城
            <option value="lm"> 黎明
        </select>
    </form></body><html>
```

图 1-14　下拉列表运行效果图

例 1-14 的运行效果如图 1-14 所示。

1.3.4　文本域

在网页中经常要录入大段的文字，可使用 <textarea> 元素来创建一个可以输入多行的文本域。<textarea></textarea> 标签对用于 <form> </form> 标签对之间。<textarea> 元素具有 name、cols 和 rows 属性。cols 和 rows 属性分别用来设置文本框的列数和行数，这里列与行是以字符数为单位的。<textarea> 元素的用法实例如例 1-15 所示。

【例 1-15】　<textarea> 元素的用法实例。

```
<html>
    <head>
        <title>input 类型示例 </title>
    </head>
<body>
    <form action="http://www..." method="get">
            <!-- input 类型为 select 和 option 的用法  -->
<p> 您的意见对我很重要 :</p>
<textarea name="yj" clos="20" rows="10">
请将意见输入此区域
</textarea>
<p> <input type="submit" name="" value=" 提交 ">
    <!-- input 类型为 reset 定义重置按钮  -->
    <input type="reset" name="" value=" 重置 ">
    </p>
    </form>
    </body>
</html>
```

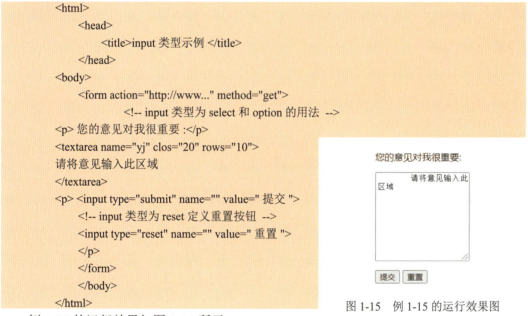

图 1-15　例 1-15 的运行效果图

例 1-15 的运行效果如图 1-15 所示。

1.3.5　数据列表

在网页中使用 <datalist> 元素来创建数据列表，使得数据列表在网页中可以复用。<datalist> 是辅助表单中文本框输入的，它本身是隐藏的，与表单文本框的 list 属性绑定，即将"list"属性值设置为 <datalist> 元素的 id 值。绑定成功后，当输入内容时，<datalist>元素以列表的形式显示在文本框的底部，提示输入字符的内容。<datalist> 的用法实例如例 1-16 所示。

【例 1-16】　<datalist> 的用法实例。

```
<!DOCTYPE html>
```

```
<html>
<body>
<form action="/demo/demo_form.asp">
<input list="browsers" name="browser">
<datalist id="browsers">
  <option value="Internet Explorer">
  <option value="Firefox">
  <option value="Chrome">
  <option value="Opera">
  <option value="Safari">
</datalist>
<input type="submit">
</form>
<p><b> 注释：</b>Safari 或 IE9( 以及
更早的版本 ) 不支持 datalist 标签。</p>
</body>
</html>
```

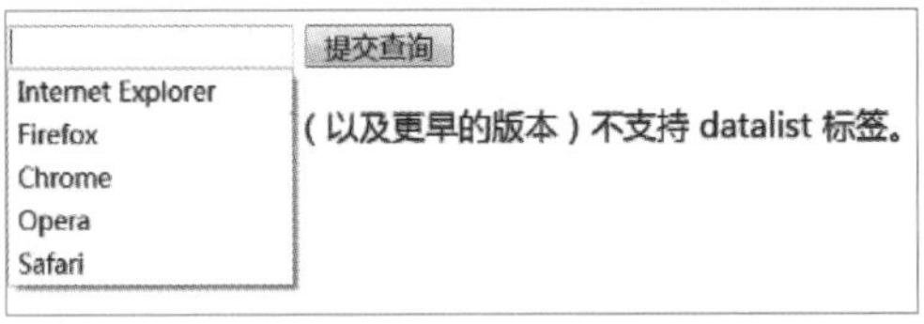

图 1-16　<datalist> 的用法实例运行效果图

例 1-16 的运行效果如图 1-16 所示。

1.3.6　输出框

在网页中经常需要输出计算结果，使用 <output> 元素来显示各种不同内容，如输入的值、JavaScript 代码执行后的结果等。该元素必须从属于某个表单，或通过属性指定某个表单。为了获取表单的值，需要设置事件触发，监测其中的值。<output> 元素具体用法实例如例 1-17 所示。

【例 1-17】　<output> 元素具体用法实例。

```
<!DOCTYPE html>
<html>
<head>
    <meta charset="utf-8" />
<script type="text/javascript">
function resCalc()
{
  numA=document.getElementById("num_a").value;
  numB=document.getElementById("num_b").value;
  document.getElementById("result").value=Number(numA)+Number(numB);
}
</script>
</head>
<body>
<p> 使用 output 元素的简易计算器：</p>
<form >
<input id="num_a" /> +
<input id="num_b" /> =
<output id="result"></output><br/>
<input type="button" onclick="resCalc()" value=" 计算 ">
```

```
</form>
</body>
</html>
```

例 1-17 的运行效果如图 1-17 所示。

使用 output 元素的简易计算器：

图 1-17　<output> 元素具体用法实例运行效果图

1.3.7　表单综合案例

【例 1-18】　使用表单做一个用户信息登记页面的开发实例。

需求分析：使用 <input > 标签实现图 1-18 所示的用户信息登记页面，其中 <input> 的类型分别有 text、number、checkbox、radio 等类型，还有下拉框和文本域，必要的时候使用 <select> 和 <textarea> 等标签。实现的代码如下：

```
<html>
<head><title> 用户登记 </title></head>
<body>
<div style="text-align: center;border: 1px black solid;width: 800px;height: 500px;margin: 0 auto;">
<p align=center style="font-size: 32px; color: blue;text-align: center;"> 用户信息登记 </p><hr >
<p align=center> 亲爱的用户，欢迎您访问我们的网站，请填写您的个人信息，便于我们及时
与您联系。</p>
<form>
<p> 姓名：<input type=text name="name"><br><br>
年龄：<input type=text name=nian ling><br><br>
性    别：<input type=radio name="gender" value=femal checked> 男 <input type=radio
name="gender" value=mal> 女 </p>
<p> 文化程度：<select name="culture" size=1>
<option value="primary school" selected> 小学
<option value="high school"> 高中
<option value="college"> 大学
</select>
职业：<select name=zhiye>
<option value="yiliao" selected> 医疗
<option value=gongwuyuan> 公务员
<option value=zaiduxuesheng> 在读学生
</select>
E-mail:<input type=text name="E-mail"></p>
<p> 您的爱好：</p>
<p><input type=checkbox name=""aihao"" value=dian> 电影
<input type=checkbox name="aihao" value=di 是 an> 运动
<input type=checkbox name="aihao" value=ddan> 音乐
<input type=checkbox name="aihao" value=dddan> 跳舞
</p>
```

```
<p><input type=checkbox name="aihao" value=diasan> 阅读
<input type=checkbox name="aihao" value=diawqn> 上网
<input type=checkbox name="aihao" value=diasn> 聊天
<input type=checkbox name="aihao" value=disdan> 交友 </p>
其他信息：<textarea cols="10" rows="4"/></textarea>
<p ><input type=submit value=" 提交 ">
<input type=reset value=" 全部重写 "></form>
</div>
</body>
</html>
```

例 1-18 的运行效果如图 1-18 所示。

图 1-18　使用表单做一个用户信息登记页面的开发实例运行效果图

1.4 表格和列表制作

在网页中经常出现表格和列表，两者都经常用来展示数据，或者用来进行页面布局。

1.4.1 表格

表格对于制作网页很重要，主要用于展示页面数据。也有利用表格的规整性进行网页布局的。现在很多网页都使用多重表格，主要是因为表格不但可以固定文本或图像的输出，而且还可以设置背景和前景颜色。

1. 表格元素

一个 HTML 表格需要用到 <table> 元素、<th> 元素、<tr> 元素、<td> 元素等。

(1) <table> 元素用来创建一个表格，表格内所有内容必须置于 <table> 和 </table> 标签对内部。<table> 元素属性如表 1-3 所示。

表 1-3 <table> 元素属性表

属　　性	用　　途
<table bgcolor="">	设置表格的背景色
<table border="">	设置边框的宽度。若不设置此属性，则边框宽度默认为 0
<table bordercolor="">	设置边框的颜色
<table bordercolorlight="">	设置边框明亮部分的颜色 (当 border 的值大于等于 1 时才有用)
<table bordercolordark="">	设置边框昏暗部分的颜色 (当 border 的值大于等于 1 时才有用)
<table cellspacing="">	设置表格单元格之间的间距
<table cellpadding="">	设置表格单元格边框与其单元格内容之间的间距
<table width="">	设置表格的宽度，单位用绝对像素值或总宽度的百分比
说明：以上各个属性可以结合使用。有关宽度、大小的单位用绝对像素值；而有关颜色的属性使用十六进制 RGB 颜色码或 HTML 语言给定的颜色常量名 (如 Silver 为银色)	

(2) <th> 元素表示表头。<th> 和 </th> 标签对须置于 <table> 元素内部，在浏览器上输出为表格的一行。<th> 元素内部文字通常是黑体居中。为了显示表格头部的每个列名，<th> 元素内部必须嵌套 <td> 元素，有多少列嵌套多少个 <td>。

(3) <tr> 元素表示表格的行。<tr> 和 </tr> 标签对须置于 <table> 元素内部，而在此标签对之间加入文本将是无用的，因为在 <tr> 和 </tr> 之间只有紧跟 <td> 和 </td> 标签对才是有效的。<tr> 有 align 和 valign 属性。align 是水平对齐方式，取值为 left(左对齐)、center(居中对齐)、right(右对齐)；而 valign 是垂直对齐方式，取值为 top(靠顶端对齐)、middle(居中对齐) 或 bottom(靠底部对齐)。

(4) <td> 元素表示表格的列。<td> 和 </td> 标签对用来创建表格一列中的每一个单元格，此标签对也只有放在 <tr> 和 </tr> 标签对或者 <th> 和 </th> 标签对之间才是有效的，想要输入的文本也只有放在 <td> 和 </td> 标签对中才有效 (即才能够显示出来)。具体应用实例如例 1-19 所示。

【例 1-19】 <table>、<tr>、<th>、<td> 元素的基本用法实例。

```
<!DOCTYPE html>
<html>
<head>
    <title> 表格 </title>
    <meta charset="utf-8" />
</head>
<body>
```

```
<table width="400" border="1" align="center" cellspacing="0">
<tr>
<th > 消费项目 ....</th>
<th > 一月 </th>
<th > 二月 </th>
</tr>
<tr>
<td align="left"> 衣服 </td>
<td align="right"> ￥241.10</td>
<td align="right"> ￥50.20</td>
</tr>
<tr>
<td align="left"> 化妆品 </td>
<td align="right"> ￥30.00</td>
<td align="right"> ￥44.45</td>
</tr>
<tr>
<td align="left"> 食物 </td>
<td align="right"> ￥730.40</td>
<td align="right"> ￥650.00</td>
</tr>
<tr>
<th align="left"> 总计 </th>
<th align="right"> ￥1001.50</th>
<th align="right"> ￥744.65</th>
</tr>
</table>
</body>
</html>
```

消费项目....	一月	二月
衣服	￥241.10	￥50.20
化妆品	￥30.00	￥44.45
食物	￥730.40	￥650.00
总计	**￥1001.50**	**￥744.65**

图 1-19　表格基本用法实例运行效果图

例 1-19 的运行效果如图 1-19 所示。

2. 表格应用

有时表格用于布局或者在表单中排列组件，不需要边框。一般 <table> 元素对齐方式用居中对齐，具体应用实例如例 1-20 所示。

【例 1-20】　使用 <table> 元素进行表单控件排列布局的应用实例。

```
<!DOCTYPE html>
<html>
    <head>
        <meta charset="utf-8">
        <title></title>
    </head>
    <body>
        <form>
        <table align="center">
        <tr><td> 姓名 </td><td><input type="text" size="20"></td></tr>
        <tr><td> 密码 </td><td><input type="password" size="20"></td></tr>
```

```
                    <tr><td> 性别 </td><td><input type="radio" name="xingbie" value="male" checked> 男 <input
type="radio" name="xingbie" value="female"> 女 </td></tr>
                    <tr><td><input type="submit" value=" 提交 ">
</td><td><input type="reset" value=" 重写 "></td></tr>
                </table>
            </form>
        </body>
    </html>
```

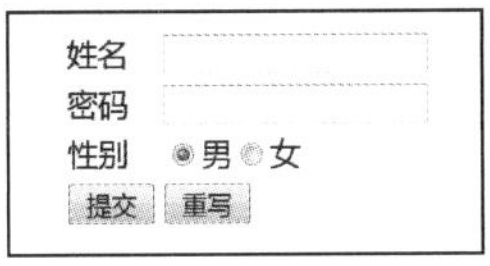

图 1-20　例 1-20 运行效果图

例 1-20 的运行效果如图 1-20 所示。

<td> 元素具有 width、colspan、rowspan 和 nowrap 属性。width 属性表示单元格的宽度，单位用绝对像素值或总宽度的百分比表示；colspan 属性用来设置一个单元格跨占的列数 (缺省值为 1)；rowspan 属性用来设置一个单元格跨占的行数 (缺省值为 1)；nowrap 属性用来禁止表格单元格内的内容自动断行。

<caption> 元素可以用来给表格添加表格名称。跨列和表格名称元素的用法实例如例 1-21 所示。

【例 1-21】　跨列和表格名称元素的用法实例。

```
<html>
<head>
<title> 表格的综合示例 </title>
</head>
<body>
<table border="1" width="80%" bgcolor="#E8E8E8" cellpadding="2" bordercolor ="#0000FF"
bordercolorlight="#7D7DFF" bordercolordark="#0000A0">
<caption align="center"> 球队汇总表 </caption>
    <tr>
        <th width="33%" colspan="2" valign="bottom"> 意大利 </th>
        <th width="36%" colspan="2" valign="bottom"> 英格兰 </th>
        <th width="36%" colspan="2" valign="bottom"> 西班牙 </th>
    </tr>
    <tr>
        <td width="16%" align="center">AC 米兰 </td>
        <td width="16%" align="center"> 佛罗伦萨 </td>
        <td width="17%" align="center"> 曼联 </td>
        <td width="17%" align="center"> 纽卡斯尔 </td>
        <td width="17%" align="center"> 巴塞罗那 </td>
        <td width=»17%» align=»center»> 皇家社会 </td>
    </tr>
    <tr>
        <td width="16%" align="center"> 尤文图斯 </td>
        <td width="16%" align="center"> 桑普多利亚 </td>
        <td width="17%" align="center"> 利物浦 </td>
```

```
        <td width="17%" align="center"> 阿申纳 </td>
        <td width="17%" align="center"> 皇家马德里 </td>
        <td width="17%" align="center">......</td>
    </tr>
    <tr>
        <td width="16%" align="center"> 拉齐奥 </td>
        <td width="16%" align="center"> 国际米兰 </td>
        <td width="17%" align="center"> 切尔西 </td>
        <td width="17%" align="center"> 米德尔斯堡 </td>
        <td width="17%" align="center"> 马德里竞技 </td>
        <td width="17%" align="center">......</td>
    </tr>
</table>
</body>
</html>
```

例 1-21 的运行效果如图 1-21 所示。

球队汇总表

意大利		英格兰		西班牙	
AC米兰	佛罗伦萨	曼联	纽卡斯尔	巴塞罗那	皇家社会
尤文图斯	桑普多利亚	利物浦	阿申纳	皇家马德里	......
拉齐奥	国际米兰	切尔西	米德尔斯堡	马德里竞技	......

图 1-21 跨列和表格名称元素的用法实例运行效果图

1.4.2 列表

网页中经常使用到的列表分为无序列表、有序列表、自定义列表，分别用 <ul> 元素、<ol> 元素、<dl> 元素来实现。

1. 无序列表

<ul> 元素用于创建一个含项目符号的列表。type 属性能够用来设置项目符号的类型，type="circle" 表示项目符号为空心圆，type="disc" 表示项目符号为实心圆，type="square" 表示项目符号为实心小方块，type="none" 表示没有项目符号。<li> 元素用来创建无序列表的列表项，<li></li> 标签对只能在 <ul></ul>(或者 <ol></ol>) 标签对之间使用。具体实例如例 1-22 所示。

【例 1-22】 创建一个带有小方块的列表设计实例。

```
<!DOCTYPE html>
<html>
<head>
<title></title>
</head>
<body text="blue">
<ul type="square">
```

```
<p> 城市列表 </p>
<li> 北京 </li>
<li> 上海 </li>
<li> 广州 </li>
<li> 深圳 </li>
</ul>
</body>
</html>
```

城市列表

■ 北京
■ 上海
■ 广州
■ 深圳

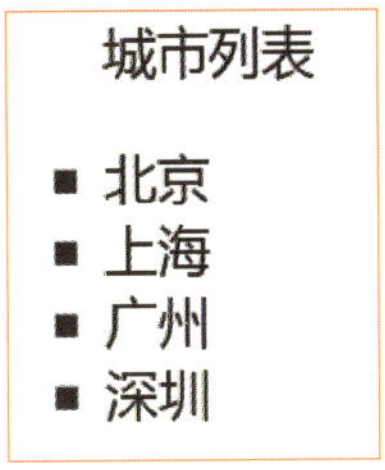

图 1-22　例 1-22 运行效果图

例 1-22 的运行效果如图 1-22 所示。

2. 有序列表

<ol> 元素用于创建一个标有数字的列表。<li> 元素也可用来创建有序列表的列表项。<li></li> 标签对放在 <ol></ol> 标签对之间，每个列表项加上一个数字或者其他序号，具体是由 <ol> 的 type 属性决定的。type="A"，则前面序号是大写字母；type="a"，则前面序号是小写字母；type="I"，则序号为大写罗马数字；type="i"，则序号为小写罗马数字；type="none"，则无序号。具体实例如例 1-23 所示。

【例 1-23】　以大写英文字母为序号的列表设计实例。

```
<html>
<head>
<title></title>
</head>
<body text="blue">
<h4> 小写字母列表：</h4>
<ol type="A">
<li> 苹果 </li>
<li> 香蕉 </li>
<li> 柠檬 </li>
<li> 桔子 </li>
</ol>
</body>
</html>
```

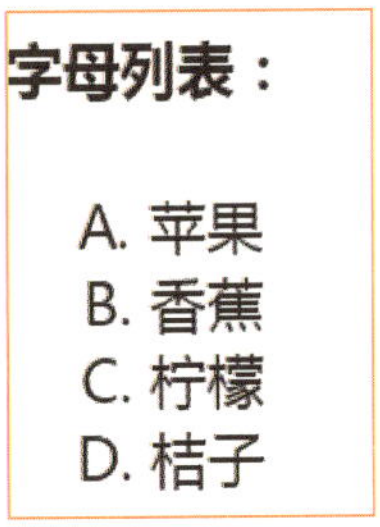

字母列表：

A. 苹果
B. 香蕉
C. 柠檬
D. 桔子

图 1-23　　例 1-23 运行效果图

例 1-23 的运行效果如图 1-23 所示。

3. 自定义列表

<dl></dl> 用于创建一个自定义列表。<dt></dt> 用于创建列表中的上层项目，<dd></dd> 用于创建列表中的下层项目。<dt></dt> 和 <dd></dd> 都必须放在 <dl></dl> 标签之间。具体实例如例 1-24 所示。

【例 1-24】　创建一个自定义列表实例。

```
<html>
<head>
<title> 一个普通列表 </title>
</head>
<body text="blue">
<dl>
    <dt> 中国城市 </dt>
```

```
                      <dd> 北京 </dd>
                      <dd> 上海 </dd>
                      <dd> 广州 </dd>
                  <dt> 美国城市 </dt>
                      <dd> 华盛顿 </dd>
                      <dd> 芝加哥 </dd>
                      <dd> 纽约 </dd>
             </dl>
         </body>
     </html>
```

```
中国城市
    北京
    上海
    广州
美国城市
    华盛顿
    芝加哥
    纽约
```

例 1-24 的运行效果如图 1-24 所示。

图 1-24 创建自定义列表运行效果图

4. 列表应用

列表常用于控制表单的控件摆放。对于要求分行摆放工整的表单，通常使用 <ul> 和 <li> 元素进行控件布局。在设置页面过程中，必须设置 <ul> 元素的 type 属性，例如 type="none"，具体实例如例 1-25 所示。

【例 1-25】 使用 <ul> 元素进行布局的用法实例。

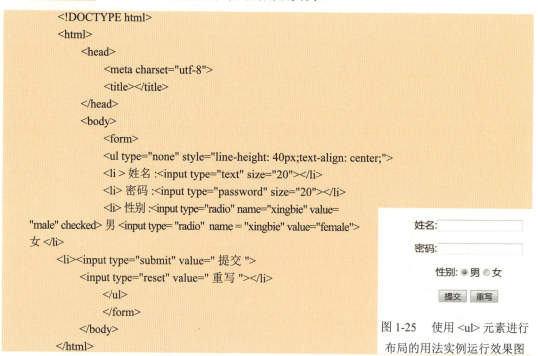

```
<!DOCTYPE html>
<html>
    <head>
        <meta charset="utf-8">
        <title></title>
    </head>
    <body>
        <form>
        <ul type="none" style="line-height: 40px;text-align: center;">
        <li > 姓名 :<input type="text" size="20"></li>
        <li> 密码 :<input type="password" size="20"></li>
        <li> 性别 :<input type="radio" name="xingbie" value=
"male" checked> 男 <input type= "radio"  name = "xingbie" value="female">
女 </li>
        <li><input type="submit" value=" 提交 ">
        <input type="reset" value=" 重写 "></li>
        </ul>
        </form>
    </body>
</html>
```

图 1-25 使用 <ul> 元素进行布局的用法实例运行效果图

例 1-25 的运行效果如图 1-25 所示。

例 1-25 中设置了 <ul> 元素的 style 属性，该属性可以使用 CSS 设置 <ul> 元素的样式，从而使渲染效果更漂亮。

常见的导航条效果很多都是使用 <ul> 和 <li> 元素完成的，例 1-26 就是一个使用 <ul> 元素和 <li> 元素来完成导航条效果的实例，并且为了把其做成水平导航条，设置了 <a> 元素的 style 属性 (具体这些属性的含义详见本书 CSS 相关章节)，具体用法实例如例 1-26 所示。

【例 1-26】 使用 <ul> 元素制作导航条的用法实例。

```
<!DOCTYPE html>
<html>
<head>
</head>
<body>
<ul type="none">
<li ><a href="#home" style="margin:30px; display: block;;width=150px; float:left;">Home</a></li>
<li ><a href="#news" style="margin:30px;display: block;width=150px; float:left;">News</a></li>
<li ><a href="#contact" style="margin:30px;display: block;width=150px; float:left;">Contact</a></li>
<li ><a href="#about" style="margin:30px;display: block;width=150px; float:left;">About</a></li>
</ul>
</body>
</html>
```

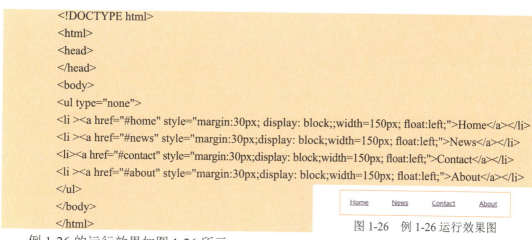

图 1-26　例 1-26 运行效果图

例 1-26 的运行效果如图 1-26 所示。

1.5　超链接

超链接是互联网赖以生成的一个基本原理，也是 HTML 语言最基本的一个功能和特色。正因为有了它，我们对内容的浏览才更具有灵活性和网络性。HTML 语言中以 <a> 元素生成超链接。

1.5.1　超链接动作

超链接的动作是点击该超链接时，页面转向的页面或者执行的程序，用 <a> 元素的属性 href 来表示。超链接的热点则是在 <a></a> 标签对之间加入文本或图像 (链接图像即加入 <img src=""> 标签)。

href 的值可以是 URL 形式，即网址或相对路径，也可以是 mailto: 形式，即发送 E-mail 形式。

(1) 对于 URL 形式，语法为 <a href="URL"></a>，这就表示创建一个超文本链接了，例如：

　　　<a href=".net/"> 这是我的网站 </a>

(2) 对于 mailto: 形式，语法为 <a href="mailto:EMAIL"></a>，这就表示创建了一个自动发送电子邮件的链接，mailto: 后边紧跟想要制动发送的电子邮件的地址 (即 E-mail 地址)，例如：

　　　<a href="mailto:"> 这是我的电子信箱 (E-mail 信箱)</a>

此外，<a href=""></a> 还具有 target 属性，此属性用来指明浏览的目标帧，如果使用新窗口打开，则使用 _blank，如果使用原来的窗口打开，则使用 _self，例如：

　　　<a href=".net/" target="_blank"> 这是我的网站 </a>

1.5.2　创建目标锚点

页面设计中，经常需要在同一个页面跳转，此时就需要先用 <a name=""></a> 标签对创建目标锚点，然后再用 <a href=""></a> 标签对创建热点，点击热点就可跳到锚点。

<a name=""></a> 标签对要结合 <a href=""></a> 标签对使用才有效果。<a name=""></a> 标签对用来在 HTML 文档中创建一个标签 (即做一个记号)，属性 name 是不可缺少的，它的值即标签名，例如：

```
<a name=" 标签名 "> 此处创建了一个标签 </a>
```

创建标签是为了在 HTML 文档中创建一些链接，以便能够找到同一文档中有标签的地方。要找到标签所在地，就必须使用 <a href=""></a> 标签对。例如要找到"标签名"这个标签，就要编写如下代码：

```
<a href="# 标签名 "> 点击此处将使浏览器跳到 " 标签名 " 处 </a>
```

注意：href 属性赋的值若是标签的名字，则必须在标签名前边加一个"#"号，具体实例如例 1-27 所示。

【例 1-27】 超链接的综合开发实例。

```
<html>
<head>
<title> 链接标签的综合示例 </title>
</head>
<body>
<p align="center" style="font-size:9pt;"><br>
<a name="Top"> 创建标签处 </a><br>
<br>
<br>
欢迎想要学习网页制作的同学访问我的网站 <br>
<a href=".net/" target="_blank">.net<br>
<br>
<img src=".net/logo468_60.gif"
alt=" 欢迎访问 &quot; 网页制作 &quot;" border="0" width="468" height="60"></a><br>
<br>
本网站的主要内容 <br>
<br>
<a href="index_HTML.htm" target="_blank">Html 教材 </a><br>
<br>
<a href="../DHTML/index_DHTML.htm" target="_blank"> 动态 Html 教材 </a><br>
<br>
<a href="../ASP/index_ASP.htm" target="_blank">ASP 教材 </a><br>
<br>
JavaScript 教材 <br>
<br>
VBScript 教材 <br>
<br>
<a href="../yqlj/yqlj.htm" target="_blank"> 友情链接 </a><br>
<br>
我要留言 <br>
<br>
作者介绍 <br>
<br>
<br>
```

```
欢迎给我来信，我的 E-mail 是：
<a href="mailto:"><font color="lime"></font></a><br>
<br>
<a href="#Top"><font color="lime"> 点击此处回到标签处 </font></a><br>
<br>
</p>
</body>
</html>
```

例 1-27 的运行效果如图 1-27 所示。

图 1-27　超链接的综合开发实例运行效果图

1.6　图文混排

页面设计中，图文混排情况非常常见，主要通过 <img> 元素及其格式的设置来完成。

1.6.1　图像导入

<img> 元素向网页中嵌入一幅图像。从技术上讲，<img> 元素并不会在网页中生成图像，而是从网页上链接图像。<img> 元素创建的是被引用图像的占位空间。<img> 元素有两个必需的属性：src 属性和 alt 属性。 src 属性的值是图像文件的 URL，也就是引用该图像的文件的绝对路径或相对路径。alt 属性指定了替代文本，用于在图像无法显示或者用户禁用图像显示时，代替图像显示在浏览器中的内容。<img> 标签的 height 和 width 属性用于指定图像的高度和宽度，以设置图片大小。具体实例如例 1-28 所示。

【例 1-28】　图片的引入和使用开发实例。

```
<!DOCTYPE html>
```

```
<html>
<body>
月季花
<p>
<img src="eg_chinarose.jpg" alt=" 月季花不存在 " width="300px" height="300px" />
</p>
<p>src 属性用于指定图像文件的 URL。上面的例子使用了相对路径。
</p>
</body>
</html>
```

例 1-28 的运行效果如图 1-28 所示。

图 1-28　图片的引入和使用开发实例运行效果图

1.6.2　页面的图文混排

<img> 元素是行内元素，即不会单独起行，如果和文字混在一起的话，<img> 元素在默认的起始位置开始渲染，按 height 和 width 属性渲染完成后，文字自动从图片同一行的后面开始显示，默认情况下，图片底部和同行文字底部对齐。具体实例如例 1-29 所示。

【例 1-29】 <img> 元素图文混排效果实例。

```
<!DOCTYPE html>
<html>
<body>
月季花
<p>
<img src="eg_chinarose.jpg" alt=" 月季花不存在 " width="200px" height="200px" />
img 元素是行内元素，即不会单独起行，如果和文字混在一起的话，图片在默认的起始位置开始渲染，按 height 和 width 属性渲染完图片后，文字自动从图片同一行的后面开始显示，默认情况下，图片底部和同行文字底部对齐。具体效果见例。
</p>
</body>
</html>
```

例 1-29 的运行效果如图 1-29 所示。

月季花

img元素是行内元素，即不会单独起行，如果和文字混在一起的话，图片在默认的起始位置开始渲染，按height和width属性渲染完图片后，文字自动从图片同一行的后面开始显示，默认情况下，图片底部和同行文字底部对齐。具体效果见示例。

图 1-29　\<img\> 元素图文混排效果实例运行效果图

如果需要图片单独成行，则应使用 \<br\> 元素在 \<img\> 元素后面强制换行，或者给 \<img\> 元素包一层 \<p\> 元素。当我们对页面进行完整设计的时候，我们可以通过 \<img\> 元素的 align 属性来控制带有文字包围的图像的对齐方式，从而实现图文混排。HTML 和 XHTML 标准指定了五种图像对齐属性值：left、right、top、middle 和 bottom。left 和 right 值会把图像周围与其相连的文本转移到相应的边界中，其余的三个值将图像与其相邻的文字在垂直方向上对齐。具体实例如例 1-30 所示。

【例 1-30】　文字环绕设置实例。

```
<!DOCTYPE html>
<html>
<body>
月季花
<p>
<img src="eg_chinarose.jpg" alt=" 月季花不存在 " width="200px" height="200px" align="left" />
    而通常的印刷媒体，像杂志，则把文字在图像的周围进行环绕，这样就会有很多行文字与图像相邻，而不只是一行。文档设计者可以通过标签的 align 属性来控制带有文字包围的图像的对齐方式。HTML 和 XHTML 标准指定了五种图像对齐属性值：left、right、top、middle 和 bottom。left 和 right 值会把图像周围与其相连的文本转移到相应的边界中；其余的三个值将图像与其相邻的文字在垂直方向上对齐。
</p>
<p>
<img src="eg_chinarose.jpg" alt=" 月季花不存在 " width="200px" height="200px" align="right" />
    而通常的印刷媒体，像杂志，则把文字在图像的周围进行环绕，这样就会有很多行文字与图像相邻，而不只是一行。文档设计者可以通过标签的 align 属性来控制带有文字包围的图像的对齐方式。HTML 和 XHTML 标准指定了五种图像对齐属性值：left、right、top、middle 和 bottom。left 和 right 值会把图像周围与其相连的文本转移到相应的边界中；其余的三个值将图像与其相邻的文字在垂直方向上对齐。
</p>
</body>
</html>
```

例 1-30 的运行效果如图 1-30 所示。

月季花

而通常的印刷媒体，像杂志，则把文字在图像的周围进行环绕，这样就会有很多行文字与图像相邻，而不只是一行。文档设计者可以通过标签的 align 属性来控制带有文字包围的图像的对齐方式。HTML 和 XHTML 标准指定了五种图像对齐属性值：left、right、top、middle 和 bottom。left 和 right 值会把图像周围与其相连的文本转移到相应的边界中；其余的三个值将图像与其相邻的文字在垂直方向上对齐。

而通常的印刷媒体，像杂志，则把文字在图像的周围进行环绕，这样就会有很多行文字与图像相邻，而不只是一行。文档设计者可以通过标签的 align 属性来控制带有文字包围的图像的对齐方式。HTML 和 XHTML 标准指定了五种图像对齐属性值：left、right、top、middle 和 bottom。left 和 right 值会把图像周围与其相连的文本转移到相应的边界中；其余的三个值将图像与其相邻的文字在垂直方向上对齐。

图 1-30　文字环绕设置实例运行效果图

课 后 习 题

一、1+X 知识点自我测试

1. 属于 HTML5 标准的 DOCTYPE 声明的是 (　　)。

A. <!DOCTYPE html PUBLIC "-//W3C//DTD XHTML 1.0 Strict//EN""http://www.w3.org/TR/xhtml1/DTD/xhtml1-strict.dtd">

B. <!DOCTYPE HTML PUBLIC "-//W3C//DTD HTML 4.01 Transitional//EN""http://www.w3.org/TR/html4/loose.dtd">

C. <!DOCTYPE html>

D. <!DOCTYPE html PUBLIC "-//W3C//DTD XHTML 1.1//EN""http://www.w3.org/TR/xhtml11/DTD/xhtml11.dtd">

2. <Img> 元素中图片加载失败时显示提示文本的属性是 (　　)。

A. alt B. tiltle C. text D. value

3. 在新窗口中打开链接的语句是 (　　)。

A. <a href="#" new>

B. <a href="#" target="_blank">

C. <a href="#" target="_self"></a>

D. <a href="#" target="_blank"></a>

4. 在下面的 XHTML 中，选项 (　　) 可以正确地标记折行。

A.
 B. <break/> C.
 D. <break>

5. <title></title> 标记一般包含在 (　　) 标记中。

A. <head></head> B. <p></p>

C. <body></body> D. <table></table>

二、案例演练——在线计算器页面设计

【设计说明】计算器演示效果如图 1-31 所示。计算器界面使用表格来布局，该设计可以由两个表格来完成。计算器上面的 3 个小按钮和结果展示框用一个表格，下面的 5 行 4 列用一个表格来完成设计。

图 1-31　计算器效果图

第二部分

CSS3 基础知识

<hr>

第2章　CSS3 基础

HTML 设计时既关注页面的内容，又关注页面的格式。但随着页面内容越来越多，如果想通过设置 HTML 元素的属性来设置页面格式的话，页面将变得凌乱和复杂，在这种情况下 CSS 被设计出来，用 CSS 来格式化 HTML 页面，使得页面的内容和格式进行了彻底分离。CSS 现在已经发展到第 3 版本，简称 CSS3。本章主要介绍 CSS3 的基础知识，包括 CSS3 概述、选择器、盒模型、样式、定位等内容。

2.1　CSS3 概述

2.1.1　CSS3 的概念

CSS(Cascading Style Sheets，层叠样式表) 是一种用来表现 HTML(标准通用标记语言的一个应用) 或 XML(标准通用标记语言的一个子集) 等文件样式的计算机语言。CSS 不仅可以修饰静态的网页，还可以配合各种脚本语言对动态的网页的各元素进行格式化。1996 年底，CSS 初稿已经完成，同年 12 月，层叠样式表的第一份正式标准 (Cascading Style Sheets Level 1) 完成，成为 W3C 的推荐标准。1997 年初，W3C 组织负责 CSS 的工作组开始讨论第一版中没有涉及的问题。其讨论结果组成了 1998 年 5 月出版的 CSS 规范第二版。CSS 有助于实现表现力强的 Web 设计。CSS 对开发者构建 Web 站点的影响很大，可将网页的大部分甚至是全部的表示信息从 HTML 文件中移出，并将它们保留在一个样式表中。这样做有诸多优点，如减小文件大小、节省网络带宽以及易于维护等。此外，站点的表现信息和核心内容相分离，使得站点的设计人员能够在短暂的时间内对整个网站进行各种各样的修改。在 2001 年 W3C 完成了 CSS 的草案规范。CSS3 是最新的 CSS 标准。CSS3 规范的一个新特点是被分为若干个相互独立的模块。一方面，分成若干个较小的模块较利于规范的及时调整、更新和发布。这些模块的独立实现和发布，也为日后 CSS3 的扩展奠定了基础；另外一方面，由于受支持设备和浏览器厂商的限制，设备或者厂商可以有选择的支持一部分模块，支持 CSS3 的一个子集，这样有利于 CSS3 的推广。

2.1.2　CSS3 的特点

CSS3 具有以下几个特点：

1. 丰富的样式定义

CSS3 提供了丰富的文档样式外观以及设置文本和背景属性的能力；允许为任何元素创建边框、元素边框与其他元素间的距离以及元素边框与元素内容间的距离；允许随意改变文本的大小写方式、修饰方式以及其他页面效果。

2. 易于使用和修改

CSS3 可以将样式定义在 HTML 元素的 style 属性中，也可以将其定义在 HTML 文档的 header 部分，还可以将样式声明在一个专门的 CSS3 文件中以供 HTML 页面引用。总之，CSS3 样式表可以将所有的样式声明统一存放，进行统一管理。

另外，可以将相同样式的元素进行归类，使用同一个样式进行定义，也可以将某个样式应用到所有同名的 HTML 标签中，还可以将一个 CSS3 样式指定到某个页面元素中。如果要修改样式，我们只需要在样式列表中找到相应的样式声明进行修改即可。

3. 多页面应用

CSS3 样式表可以单独存放在一个 CSS3 文件中，这样我们就可以在多个页面中使用同一个 CSS3 样式表。CSS3 样式表理论上不属于任何页面文件，在任何页面文件中都可以将其引用，这样就可以实现多个页面风格的统一。

4. 层叠

简单地说，层叠就是对一个元素多次设置同一个样式，将使用最后一次设置的属性值。例如对一个站点中的多个页面使用了同一套 CSS3 样式表，而某些页面中的某些元素想使用其他样式，就可以针对这些样式单独定义一个样式表应用到页面中。这些后来定义的样式将对前面的样式设置进行重写，在浏览器中看到的将是最后设置的样式效果。

5. 页面压缩

在使用 HTML 定义页面效果的网站中，往往需要大量或重复的表格和 font 元素形成各种规格的文字样式，这样做的后果就是会产生大量的 HTML 标签，从而使页面文件的大小增加。而将样式的声明单独放到 CSS3 样式表中，可以大大地减少页面的代码量，这样在加载页面时使用的时间也会减少很多。另外，CSS3 样式表的复用更大程度地缩减了页面的体积，减少了下载的时间。

2.1.3　CSS3 的语法格式

CSS3 由一条一条的规则组成，每条规则又由一个或多个选择器加一条或多条声明组成，每条声明则是由属性和属性值组成，属性和属性值之间由冒号隔开。声明部分用大括号包裹，每条声明之间使用分号隔开写，如下：

```
h1 {color:red;font-size:14px;}
```

写法也可以这样：

```
h1 {
    color:red;
    font-size:14px;
}
```

2.1.4　CSS3 的类型

CSS3 按照所放位置不同，分为内联、内部、外部和导入样式表。

1. 内联样式表

内联样式表是直接在 HTML 元素内插入 style 属性来定义要显示的样式，这是最简单的样式定义方法。不过，利用这种方法定义样式时，效果只可以控制该元素及其子元素，其语法如下：

```
<body style=" color:#FF0000;">...</body>
```

2. 内部样式表

内部样式表是在 HTML 的 <head> 元素中插入一个 <style> 元素，在 <style> 元素中书写 CSS3 样式规则。在内部样式表中定义的样式就应用到页面中，其语法如下：

```
<head>......
<style type="text/css">
    hr {color: sienna}
    p {margin-left: 20px}
    body {background-image: url("images/back4.jpg")}
    </style>
    ......
</head>
```

<style> 元素是用来说明所要定义的样式。type 属性是指定 <style> 元素以 CSS3 的语法定义。

3. 外部样式表

外部样式表是在 HTML 文档外面定义好 CSS3 文件，然后在 HTML 页面中使用 <link> 元素把 CSS3 文件引入，具体语法如下：

```
<link href=" 样式表地址 " rel="stylesheet" type="text/css" />
```

4. 导入样式表

导入样式表是指书写 CSS3 文件时用 CSS3 的 @import 声明将一个外部样式表文件导入进来，被导入的 CSS3 文件中的样式规则定义语句就成为了该 CSS3 文件的一部分；也可以使用 @import 声明将一个 CSS3 文件输入到网页文件的 <style></style> 标签对中，被导入的 CSS3 文件中的样式规则定义语句就成了 <style></style> 标签对中的语句，如：

```
<style>
@import url(http://......)
</stypel>
```

2.1.5 CSS3 的性质

1. 级联

在编写 CSS3 代码的时候，可能在不同地方对 HTML 元素的同一属性添加了不同的样式，那么最终会以哪个样式呈现呢？事实上，当对同一个元素的同一个属性设置了多次不同值时，最后添加的那个值将被最终应用，如：

```
p{
    color:red;
}
p{
    color:blue;
}
```

上述代码中 p 标签内的文字最终将以蓝色呈现。待后面学习完 CSS3 选择器后，我们还可以使用不同的选择器选中同一个 HTML 元素。但是，即使我们使用了不同的选择器来选中同一个元素，如果我们将它的同一个属性设置不同值，最终样式还是会遵循 CSS3 的级联特性。

2. 继承

当给祖先元素设置了某些规则后，该祖先元素的所有后代子元素都将继承这个属性，如下代码：

```
<body>
    <h2> 我是 h2 标题 </h2>
    <p>
        我是段落
        <span> 我是 span</span>
    </p>
</body>
```

对其设置样式：

```
body {
    font-size:14px;
}
```

所有元素都将以 14px 的大小呈现文字信息。

事实上，并不是所有属性都可以被继承。一般情况下，字体、文本相关的属性都能被自动继承，而定位、盒子模型、背景等属性不会自动继承。

有两个特别需要注意的：① 标签的字体颜色不会被后代元素继承；② h1 ~ h6 的字体大小也不会被后代继承。

如果我们想手动的让某个元素的属性继承他的父元素的值，那么我们可以把它相应的属性值设置为 inherit。

3. 层叠

CSS3 之所以叫层叠样式表，最大的原因就是 CSS3 的层叠特性。如果我们对同一个元素内联样式表、内部样式表、外部样式表都设置了样式，那么通过层叠性来解决问题。CSS3 层叠性表现为：相同属性的不同值，按内联样式 > 内部样式 > 外联样式 > 缺省值 (浏览器内置) 的优先级顺序覆盖，不相同的属性直接叠加 (合并) 在一起，并作用于该元素。代码如下：

```
<head>
    <link rel="stylesheet" type="text/css" href=url>
    <!-- 假设外部 css 文件也对 p 元素设置了颜色属性，值为 yellow-->
    <style>
        p{color:red;font-size:16px;}
    </style>
</head>
    <body>
        <p style="color:blue"> 我是段落 </p>
</body>
```

最终 p 元素将以 16px 大小、蓝色呈现。

4. 优先

如果元素必须指定要以某些样式进行渲染，那么可以用 !important 来指定样式。!important 是 CSS3 的一种语法，定义在样式属性后面，代表这个属性不会被覆盖，最终生效的属性一定是 !important 标注的属性。具体应用实例如例 2-1 所示。

【例 2-1】 从上到下依次注释选择器来测试优先级应用实例。

```
<!DOCTYPE html>
<html>
<head>
    <meta charset="UTF-8" />
    <title>Document</title>
    <style>
        // 从上到下，依次注释选择器来测试优先级
        div{
            color:green!important;
        }
        #id1{
            color:red;
        }
        .class{
            color: blue;
        }
            div{
                color:purple;
            }
    </style>
</head>
<body>
    <div>!import 优先级 </div>
    <div style="color:red"> 行内样式优先级 </div>
    <div id="id1">id 选择器优先级 </div>
```

```
            <div class="c1"> 类选择器优先级 </div>
            <div> 标签选择器优先级 </div>
      </body>
      </html>
```

例 2-1 的运行效果如图 2-1 所示。

图 2-1　从上到下依次注释选择器来测试优先级应用实例运行效果图

按照上面的规则 !important 和行内样式毫无疑问是这样的优先级顺序，但如果多个选择器混杂来定义样式的时候如何判断它们的优先级呢？答案是依据权重来判断。

1）几个规则

(1) 权重使用四个数字来衡量 (x,x,x,x)；

(2) 继承的权重为 (0,0,0,0)；

(3) 标签选择器的权重为 (0,0,0,1)；

(4) 类、伪类选择器的权重为 (0,0,1,0)；

(5) id 选择器的权重为 (0,1,0,0)；

(6) 行内样式的权重为 (1,0,0,0)；

(7) !important 的权重无限大。

2）计算方法

多个选择器混杂时，权重之和也是由四个数字来组成的，每一位的值为多个选择器四个数字的每位之和，比如 div:first-child 的权重为 (0,0,0,1)+(0,0,1,0)=(0,0,1,1)。权重之和的数制是不会进位的，再多的标签选择器权重加和也抵不过一个类选择器。多个选择器之间的顺序是无关的，不影响权重之和。

注意：对于并集选择器来说不是权重的加和，它只相当于将多个选择器的相同内容归于一个并集选择器中，理论上每一个选择器还是独立的。

2.2　选　择　器

选择器是 CSS3 非常重要的语法点，选择器主要是用来选中想要设置 CSS3 样式的元素，有元素选择器、通配符选择器、类选择器、id 选择器、后代选择器、子元素选择器、相邻兄弟元素选择器、通用兄弟选择器、群组选择器、属性选择器、伪类选择器等。为了演示元素选择器、类选择器、id 选择器等的作用，先建立一个 HTML 文件 (例 2-2) 作为基础文件，然后逐步在其基础上使用选择器，演示各种选择器的具体效果。

【例 2-2】 CSS3 的选择器演示的 HTML 5 脚本应用实例。

```html
<!DOCTYPE html>
<html>
<head>
    <meta charset="UTF-8">
    <style type="text/css">
    </style>
</head>
<body>
    <div class="demo">
      <ul class="clearfix">
            <li id="first" class="first">1</li>
            <li class="active important">2</li>
            <li class="important items">3</li>
            <li class="important">4</li>
            <li class="items">5</li>
            <li>6</li>
            <li>7</li>
            <li>8</li>
            <li>9</li>
            <li id="last" class="last">10</li>
        </ul>
    </div>
</body>
</html>
```

2.2.1 元素选择器

元素选择器是通过元素名来选择想要设置样式的元素，如果对上面例 2-2 的 HTML5 脚本文件设置如下 CSS 样式：

```css
ul{
    height:30px;
    }
    li{
        text-decoration: none;
        list-style: none;
        float:left;
        height:20px;
        line-height: 20px;
        width:20px;
        border-radius:10px;
        text-align:center;
        background:#f36;
```

```
            margin-right:5px;
        }
        div{
            width:400px;
            height:50px;
            border:1px solid #ccc;
            padding:10px;
        }
```

图 2-2　元素选择器实例运行效果图

上述程序运行效果如图 2-2 所示。

注意: 2.2.1 节至 2.2.8 节的选择器和样式设置效果都是在例 2-2 加上 2.2.1 节样式设置的基础上完成的效果。

2.2.2　通配符选择器

通配符选择器用来选择所有元素，*选择器表示选择所有元素。在 2.2.1 节基础上增加如下样式设置：

```
        *{color:white; }
```

其运行效果如图 2-3 所示。

图 2-3　通配符选择器实例运行效果图

*选择器主要是用来清除默认格式。

由图 2-3 可知，通配符选择器选中了所有元素。

2.2.3　类选择器

在 CSS 中类选择器常用来选择一类设置相同样式的元素。在使用类选择器时，需把要设置相同样式的多个元素的 class 属性设置为相同的值。类选择器格式是 ".类名"。在 2.2.1 节基础上增加如下样式设置：

```
        .important{font-weight:bold; color:yellow;}
```

其运行效果如图 2-4 所示。

图 2-4　类选择器实例运行效果图

由图 2-4 可知，通过类选择器可把都具有 "important" class 属性值的几个 li 元素选择出来。

2.2.4　id 选择器

id 选择器可以为标有特定 id 的 HTML 元素指定样式。id 选择器以 "#id 名称" 来定义。

在 2.2.1 节基础上增加如下样式设置：

> #first{color:blue;}

其运行效果如图 2-5 所示。

图 2-5 id 选择器实例运行效果图

由图 2-5 可知，通过 id 选择器把 id 属性值为"first"的原色字体设置为蓝色。

2.2.5 后代选择器

如果想让 F 选择器选择的元素是 E 选择器选中元素的后代，不管是不是直接后代元素，都可以写作：E F{}，其中 E 和 F 之间有空格。在 2.2.1 节基础上增加如下样式设置：

> div .items{font-size: 30px;}

其运行效果如图 2-6 所示。

图 2-6 后代选择器实例运行效果图

由图 2-6 可知，选择的 class 为 items 的元素是 div 元素的后代元素，但不是直接子元素。

2.2.6 子元素选择器

如果想 F 选择器选择的元素是 E 选择器选中元素的子元素，都可以写作：E>F{}，其中 E 和 F 之间用">"连接。在 2.2.1 节基础上增加如下样式设置：

> .clearfix>.items{background-color:white;}

其运行效果如图 2-7 所示。

图 2-7 子元素选择器实例运行效果图

由图 2-7 可知，选中了 class 为 clearfix 的元素的子元素，把其背景元素改为了白色。

2.2.7 相邻兄弟元素选择器

如果想让 F 选择器选择的元素是 E 选择器选中元素的后一个兄弟元素且相邻，可以写作：E+F {}，其中 E 和 F 之间是用"+"隔开。在 2.2.1 节基础上增加如下样式设置：

> .active +.items{ background-color:white; }

其运行效果如图 2-8 所示。

图 2-8   相邻兄弟元素选择器实例运行效果图

由图 2-8 可知，是选中了 class 为 active 的元素的直接兄弟且 class 为 items 的元素，把其背景设置为白色。

2.2.8   通用兄弟选择器

如果想让 F 选择器选择的元素是 E 选择器选中元素的兄弟元素，且 F 所选元素在后，可以写作：E~F { }，其中 E 和 F 之间是用 "~" 隔开。在 2.2.1 节基础上增加如下样式设置：

.active ~.items{ background-color:white; }

其运行效果如图 2-9 所示。

图 2-9   通用兄弟选择器实例运行效果图

由图 2-9 可知，是选中了 class 为 active 的元素后面所有 class 为 items 的元素，把其背景设置为白色。

2.2.9   群组选择器

如果想让 F 选择器选择的元素和 E 选择器选中元素都设置相同的样式则使用群组选择器，可以写作：E,F { }，其中 E 和 F 之间是用 "," 隔开。在 2.2.1 节基础上增加如下样式设置：

.first,.last{background-color:white;}

其运行效果如图 2-10 所示。

图 2-10   群组选择器实例运行效果图

由图 2-10 可知，选中了 class 为 first 的元素且选中了 class 为 last 的元素，把其背景颜色设置为白色。

2.2.10   属性选择器

属性选择器是使用 HTML 元素属性当作关键字的选择器。常见的属性选择器包括以下几类：

(1) E[attr]：只使用属性名，但没有确定任何属性值；

(2) E[attr = "value"]: 指定属性名，并指定了该属性的属性值；

(3) E[attr~="value"]: 指定属性名，并且具有属性值，此属性值是一个词列表，并且以空格隔开，其中词列表中包含了一个 value 词，而且 "=" 前面的 "~" 不能不写；

(4) E[attr^="value"]: 指定了属性名，并且有属性值，属性值是以 value 开头的；

(5) E[attr$="value"]: 指定了属性名，并且有属性值，且属性值是以 value 结束的；

(6) E[attr*="value"]: 指定了属性名，并且有属性值，且属性值中包含了 value。

在这些属性选择器中，E[attr="value"] 和 E[attr*="value"] 是最实用的。其中 E[attr="value"] 能定位不同类型的元素，特别是表单 form 元素的操作，比如 input[type="text"]，input[type="checkbox"] 等；而 E[attr*="value"] 能在网站中匹配不同类型的文件，比如网站上不同的文件类型的链接需要使用不同的 icon 图标，这样可以帮助网站提高用户体验，就像前面的实例，可以通过这个属性给 ".doc"".pdf"".png"".ppt" 配置不同的 icon 图标。为了演示各种属性选择器，先建立一个 HTML 文档 (如例 2-3)，后面各种属性选择器都是在此基础上加入相关样式实现的。

【例 2-3】 属性选择器演示案例——HTML 脚本文件应用实例。

```html
<!DOCTYPE html>
<html>
<head>
    <meta charset="UTF-8">
    <style type="text/css">
    .demo{
        width:300px;
        height:40px;
        border:1px solid #ccc;
        padding:10px;
    }
    .demo a{
        float:left;
        display:block;
        height:20px;
        line-height:20px;
        width:20px;
        border-radius:10px;
        text-align:center;
        background:#f36;
        color:green;
        margin-right:5px;
        text-decoration:none;
    }
    </style>
</head>
<body>
    <div class="demo clearfix">
        <a href="http://www.w3cplus.com" target="_blank" class="links item first" id="first"
title="123"> 1</a>
```

```
            <a href="" class="links active item" title="test website" target="_blank" lang="zh">2</a>
            <a href="sites/file/test.html" class="links item" title="this is a link" lang="zh-cn">3</a>
            <a href="sites/file/test.png" class="links item"  target="_blank" lang="zh-tw">4</a>
            <a href="sites/file/image.png" class="links item" title="zh-cn">5</a>
            <a href="mailto:w3cplus@hotmail" class="links item" title="website link" lang="zh">6</a>
            <a href="" class="links item" title="open the website"  lang="cn">7</a>
            <a href="" class="links item" title="close the website"  lang="en-zh">8</a>
            <a href="" class="links item" title="http://www.sina.com">9</a>
            <a href="" class="links item last" id="last">10</a>
        </div>
    </body>
</html>
```

例 2-3 的运行效果如图 2-11 所示。

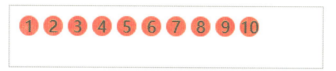

图 2-11　属性选择器实例运行效果图

1. E[attr]

选择含有 attr 属性的元素 E，可以写作：E[attr] {}，在例 2-3 基础上添加如下语句：

```
    .demo a[id]{background:blue;color:yellow;}
```

其运行效果如图 2-12 所示。

图 2-12　含有单个属性的选择器实例运行效果图

由图 2-12 可知，选择了带有属性 id 的元素，把其背景设为蓝色，把字体设为黄色。

在例 2-3 基础上添加如下语句：

```
    .demo a[href][title]{background: yellow;}
```

其运行效果如图 2-13 所示。

图 2-13　含有多个属性的选择器实例运行效果图

由图 2-13 可知，选中了含有 href 属性和 title 属性的元素，把其背景颜色设置为黄色。

2. E[attr = "value"]

选择含有值为 value 的 attr 属性的元素 E，可以写作：E[attr = "value"] { }。在例 2-3 基础上添加如下语句：

```
.demo a[id="first"]{background:blue;}
```
其运行效果如图 2-14 所示。

图 2-14　含有单个属性值的选择器实例运行效果图

由图 2-14 可知，选中 id 为 first 的元素，把其背景设置为蓝色。

在例 2-3 基础上添加如下语句：

```
.demo a[href="http://www.w3cplus.com"][title]{background-color: #fff;}
```
其运行效果如图 2-15 所示。

图 2-15　含有多个属性值的选择器实例运行效果图

由图 2-15 可知，选中 href 属性值为 http://www.w3cplus.com 的元素，且含有 title 属性的元素，把其背景设置为白色。

3．E[attr~="value"]

在例 2-3 基础上添加如下语句：

```
.demo a[title~="website"]{background:orange;}
```
其运行效果如图 2-16 所示。

图 2-16　属性值中含有某个单词的选择器实例运行效果图

由图 2-16 可知，选中 href 属性值中含有单词 website 的元素，把其背景颜色设置为橙色。

4．E[attr^="value"]

在例 2-3 基础上添加如下语句：

```
.demo a[href^="sites"]{background:#eee;}
```
其运行效果如图 2-17 所示。

图 2-17　属性值某个单词打头的选择器实例运行效果图

由图 2-17 可知，选中 href 属性值以 sites 开头的元素，把其背景颜色设置为 #eee。

5．E[attr$="value"]

在例 2-3 基础上添加如下语句：

```
.demo a[href$="png"]{background:#070707;}
```

其运行效果如图 2-18 所示。

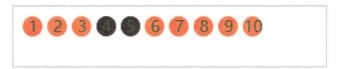

图 2-18　属性值某个单词结尾的选择器实例运行效果图

由图 2-18 可知，选中 href 属性值以 png 结尾的元素，把其背景颜色设置为 #070707。

6．E[attr*="value"]

在例 2-3 基础上添加如下语句：

```
.demo a[title*="site"]{background-color: violet;}
```

其运行效果如图 2-19 所示。

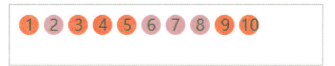

图 2-19　属性值包含某个字符串的选择器实例运行效果图

由图 2-19 可知，选中 href 属性值中含有 "site" 字符串的元素，把其背景颜色设置为 violet。

2.2.11　伪类选择器

同一个标签，根据其不同的种状态，有不同的样式，这就叫作"伪类"。伪类用冒号来表示。为了演示伪类选择器的功能，先建立一个 HTML 文档 (如例 2-4)，所有的伪类选择器都是在其基础上进行演示。

【例 2-4】　伪类选择器演示案例——HTML 脚本文件应用实例。

```
<!DOCTYPE html>
<html>
<head>
    <meta charset="UTF-8">
    <style type="text/css">
    .demo{
        width:400px;
        height:50px;
        border:1px solid #ccc;
        padding:10px;
    }
    li{
```

```
                border:1px solid #ccc;
                padding:2px;
                        float:left;
                margin-right:4px;
                list-style: none;
        }
        a{
                float:left;
                display:block;
                height:20px;
                line-height:20px;
                width:20px;
                border-radius:10px;
                text-align:center;
                background:#f36;
                color:green;
                text-decoration:none;
        }
</style>
</head>
<body>
    <br>
        <div class="demo clearfix">
            <ul class="clearfix">
                <li class="first links" id="first"><a href="">1</a></li>
                <li class="links"><a href="">2</a></li>
                <li class="links"><a href="">3</a></li>
                <li class="links"><a href="">4</a></li>
                <li class="links"><a href="">5</a></li>
                <li class="links"><a href="">6</a></li>
                <li class="links"><a href="">7</a></li>
                <li class="links"><a href="">8</a></li>
                <li class="links"><a href="">9</a></li>
                <li class="links last" id="last"><a href="">10</a></li>
            </ul>
        </div>
</body>
</html>
```

上述程序运行效果如图 2-20 所示。

图 2-20　例 2-4 运行效果图

伪类选择器包括超级链接动态伪类选择器、:nth 选择器、:only-child 选择器、:empth 选择器等。

1. 超级链接动态伪类选择器

超级链接的动态伪类只有当用户和网站交互的时候才能体现出来，因为超级链接分为几种状态：① link：链接没有被访问时的样式；② visited：链接被访问以后的样式；③ hover：鼠标悬浮时的样式；④ active：鼠标点中激活的瞬间的样式。在例 2-4 基础上添加如下语句：

```
.demo a:link{color:gray;}
.demo a:visited{color:yellow;}
.demo a:hover{color:green;}
.demo a:active{color:blue;}
```

其运行效果如图 2-21 所示。

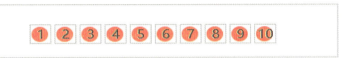

图 2-21　添加超级链接动态伪类选择器的运行效果图 1

由图 2-21 可知，超级链接没有被访问时字体颜色是 gray。

图 2-22　添加超级链接动态伪类选择器的运行效果图 2

由图 2-22 可知，超级链接被访问以后，字体颜色是黄色。

图 2-23　添加超级链接动态伪类选择器的运行效果图 3

由图 2-23 可知，鼠标悬停在链接上时，颜色为绿色。

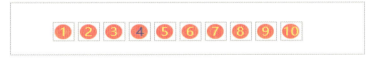

图 2-24　添加超级链接动态伪类选择器的运行效果图 4

由图 2-24 可知，鼠标点中激活的瞬间，字体颜色为蓝色。

2. :nth 选择器

在有的页面中，同样的元素出现多个，:nth 选择器可按序选择哪些元素来设置样式。

:first-child 用来选择某个元素的第一个子元素，:last-child 用来选择某个元素的最后一个子元素。在例 2-4 基础上添加如下语句：

```
        .demo li:first-child{background:green;}
        .demo li:last-child{background:green;}
```

其运行效果如图 2-25 所示。

图 2-25　:nth 选择器的运行效果图 1

由图 2-25 可知，选中了第一个和最后一个 li 元素，把其背景设置为 green 了。

:nth-child() 用来选择某个元素的一个或多个特定的子元素，括号内可以是特定数字、可以是表达式。以下是一些类似的设置：

```
        .demo li:nth-child(n){background:green;}     // 选择 demo 下的所有 li
        .demo li:nth-child(n+5){background:green;}   // 选择 demo 下从第五个开始的 li
        .demo li:nth-child(-n+5){background:green;}   // 选择 demo 下的前五个 li
        .demo li:nth-child(5){background:green;}      // 选择 demo 下的第五个 li
        .demo li:nth-child(5n){background:green;}     // 选择 demo 下 5 的倍数的 li
        .demo li:nth-child(even){background:green;}   // 偶数个 li
        .demo li:nth-child(odd){background:green;}    // 奇数个 li
```

如往例 2-4 中添加如下设置：

```
        .demo li:nth-child(3n+1){
            background:green;
        }
```

其运行效果如图 2-26 所示。

图 2-26　:nth 选择器的运行效果图 2

由图 2-26 可知，每隔三个选中一个元素背景显示为绿色。

:nth-last-child() 同 :nth-child() 作用相同，只是一个是从前面开始计算，一个是从后面开始计算。

:nth-of-type: 类似于 :nth-child，不同的是这个只计算选择器中指定的那个元素，主要用来定位元素中包含了多种不同类型的元素。

```
        li:nth-of-type(3n){background:green;}       // 选择 demo 下 5 的倍数的 li
        li:nth-of-type (3n+1){background:green;}    // 每隔 3 个选一个
        li:nth-of-type (even){background:green;}    // 偶数个 li, 按类型选择
        li:nth-of-type (odd){background:green;}     // 奇数个 li, 按类型选择
```

3. :only-child 选择器

(1) :only-chilD：表示该元素是其父元素的唯一的子元素；

(2) :only-of-type：表示一个元素有很多个子元素，而其中只有一个子元素是唯一的。

例如，在一个 div 中，包含有 div、li、p 等，而 p 只有一个，具有唯一性，就可以这样写：

```
p:only-of-type{background-color: green}
```

4．:empty 选择器

:empty：用来选择没有任何内容的元素，包括空格，例如：

```
p:empty{display: none}
```

5．:has 选择器

:has 用来选择包含某元素的元素，例如：

```
a:has( img ){border:1px solid red;}        // 为所有包含 img 的 a 添加边框
```

6．:not 选择器

:not：用来选择不包含某元素的元素，在例 2-4 基础上添加如下语句：

```
li:not(:empty){background-color: blue; }    // 选择有子元素的 li 元素
```

其运行效果如图 2-27 所示。

图 2-27　:not 选择器的运行效果图

由图 2-27 可知，选中了所有 li 元素 (因为所有 li 元素都有子元素)，并且把所有 li 元素背景都设置为了蓝色。

7．伪元素选择器

伪元素选择器可以选择逻辑意义上满足条件的元素部分。

::first-line：选择元素的第一行，这个选择器主要是用在文字排版，用于把页面的首行文字渲染出不同效果。

::first-letter：选择文本块的第一个字母，这个选择器主要是用在文字排版，可以用来强调第一个字符。

::before 和 ::after：主要用来在元素的前后插入内容。

如在例 2-3 上添加：

```
li:first-child::after{
content: "hello";
color: black;}
```

其运行效果如图 2-28 所示。

图 2-28　伪元素选择器的运行效果图 1

由图 2-28 可知，选择在第一个 li 后面增加了字符串 hello。

::selection 用来改变浏览网页选中的默认效果，如在例 2-4 上添加：

```
::selection{
    background-color:blue;
}
```

其运行效果如图 2-29 所示。

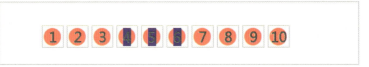

图 2-29　伪元素选择器的运行效果图 2

由图 2-29 可知，被选中的文字背景显示为蓝色。

8. UI 元素状态伪类选择器

UI 元素状态伪类选择器主要是指可选择元素的不同状态下的选择器。

UI 元素状态伪类主要指 type=text 时的 enable 和 disabled，type=radio 和 type = checkbox 的 checked 和 unchecked 等。例 2-5 是对 UI 元素状态伪类的演示。

【例 2-5】　UI 元素状态伪类选择器 HTML 脚本文件设计实例。

```
<!DOCTYPE html>
<html>
<head>
<meta charset="UTF-8">
<title>UI 元素状态伪类选择器 </title>
<style>
input[type="text"]:disabled{
        border:2px solid red;}
input[type="text"]:enabled{
        border:2px solid blue;}
input[type="checkbox"]:checked{
        outline:3px dotted #0080FF;}
</style>
</head>
<body id="w3cn">
<form id="form1" action="#" method="get">
<table width="90%" height="150px" align="center" cellspacing="0">
<tr><td align="right" width="20%"> 登 录 名：</td><td><input name="loginname" type="text" value=
"Hello" disabled /></tr>
    <tr><td align="right"> 真实姓名：</td><td><input name="realname" type="text" /></td></tr>
    <tr><td align="right"> 爱好：</td><td><input name="love1" value="sing" type="checkbox" /> 唱歌
<input name="love2" value="sing" type="checkbox" /> 跳舞
<input name="love3" value="sing" type="checkbox" /> 画画
</td></tr>
    <tr><td></td><td><input type="button" value="
提交 "/></td></tr>
</table>
</form>
</body>
</html>
```

运行效果如图 2-30 所示。

图 2-30　UI 元素状态伪类选择器的运行效果图

由例 2-5 可知，选择了状态为 disabled 的元素添加了红色边框，选择了状态为 enabled 的元素添加了蓝色边框，对被选中的元素添加了虚线边框。

2.3 盒 模 型

在 CSS3 中，所有通过 CSS3 进行布局的 HTML 元素都可以看成是一个"盒子"，通过设置盒子的属性对元素进行大小和位置的控制。

如图 2-31 所示，CSS3 把所有 HTML 元素解析为一个盒子，通过 Box Model(盒子模型)，浏览器控制每个元素在显示设备上的大小和每个元素之间的距离。

图 2-31 的各信息代表的意思如下：

(1) element 表示元素的内容区。

(2) width 和 height 属性定义内容区域的宽、高。

(3) padding 定义元素的内边距，即内容区离边框的距离。

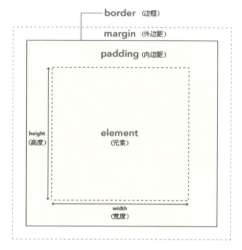

图 2-31　盒模型示意图

(4) border 定义元素的边框。

(5) margin 定义元素与其他元素的距离。

每个元素在页面实际占用的宽度和高度，即盒子的宽度和高度，计算方式如下：

盒子的宽度 = width + padding-left + padding-right + border-left + border-right + margin-left + margin-right

盒子的高度 = height + padding-top + padding-bottom + border-top + border-bottom + margin -top + margin-bottom

上面说到的是默认情况下的计算方法，在另外一种情况下，width 和 height 属性设置的就是盒子的宽度和高度。盒子的宽度和高度的计算方式由 box-sizing 属性控制，box-sizing 属性值如下：

(1) content-box：默认值，width 和 height 属性分别应用到元素的内容框。在宽度和高度之外绘制元素的内边距、边框、外边距。

(2) border-box：为元素设定的 width 和 height 属性决定了元素的边框盒。也就是说，为元素指定的任何内边距和边框都将在已设定的宽度和高度内进行绘制。通过从已设定的宽度和高度分别减去边框和内边距才能得到内容的宽度和高度。

(3) inherit：规定应从父元素继承 box-sizing 属性的值。

在特定情况下会出现 margin 的折叠 (塌陷) 现象：

(1) 兄弟元素之间。垂直方向上的 margin 将折叠 (合并) 在一起，最终效果就是只会保留数值较大的那一个 margin 值，如：

```
.brother1{
    display:block;
```

```
        margin-bottom:20px;
    }
    .brother2{
        display:block;
        margin-top:50px;
    }
```

上面代码中，这两个兄弟元素之间垂直方向上只有 50 px 的间距。

(2) 父子元素之间。如果父子元素的 margin 区域直接接触，那么也将导致父子元素的 margin 折叠在一起，最终只保留较大的 margin 值。

```
    .father{
        margin-top:50px;
    }
    .son{
        margin-top:20px;
    }
```

上面代码中，父子元素均未设置 border 或 padding，它们的 margin 区域直接接触了，它们之间只有 50 px 的间距。

下面针对盒模型的各个构成要素，一一进行讲解。

2.3.1　外边距

盒子的外边距 (margin) 是完全透明的，包含了上下左右四条边，开发者可以单独设置每一条边的边距。margin-top：上边距；margin-buttom：下边距；margin-left：左边距；margin-right：右边距。开发者也可以直接使用简写属性 margin 同时设置四条边的宽度。

margin 属性后如果只跟一个值，那么同时设置四条边的边距相等；margin 属性后如果跟两个值，那么第一个值设置上下边距，第二个值设置左右边距；margin 属性后如果跟三个值，那么第一个值设置上边距，第二个是设置左右边距，第三个值设置下边距；margin 属性后如果跟四个值，那么第一个值设置上边距，第二个是设置右边距，第三个值设置下边距，第四个值设置左边距。

元素在父元素内居中对齐的设置如下：

```
    margin:0px  auto;
```

像上面这样设置 margin 上下值为 0，左右值为自动推算，从而元素盒子在父元素中居中对齐。居中对齐的必要条件：块元素必须固定宽度。

2.3.2　内边距

盒子的内边距 (padding)，与外边距不同，不一定是完全透明的，可以设置背景颜色和图片。与 margin 类似，padding 也包含了上下左右四条边，开发者可以单独设置每一条边的边距。padding-top：上部填充；padding-bottom：下部填充；padding-left：左部填充；padding-right：右部填充。开发者也可以直接使用简写属性 padding 同时设置四条边的宽度。

在浏览器渲染时很多元素都有默认的外边距或者内边距。比较特殊的是 div，没有外边距或者内边距，但其他的都有。为了去掉默认的边距，使得渲染效果完全由程序员可控，可以使用去掉边距的方法，代码如下：

```
* {
margin:0;
padding:0;
}
```

2.3.3　边框

盒子的边框 (border)，属性设置与 margin、padding 类似，也分为上下左右四个边界，可以通过设置四个边界的数值来进行元素边框的粗细设置。border 属性分别为 border-top(上边界)、border-bottom(下边界)、border-left(左边界)、border-right(右边界)。如果 border 属性的四边宽度、颜色均一致，那么可以将 border 属性进行简写。例如："border: 2px solid green"，该语句表示设置边框宽度为 2 px，颜色为绿色。如果不采用简写方式，则较为复杂，如："border-top: 2px solid green;""border-bottom: 2px solid green;""border-left: 2px solid green;""border-right: 2px solid green;"。

除了可以单独对每一条边进行样式设置之外，还可以分别对 border 属性的宽度、样式和颜色进行设置。border-width：边界宽度；border-style：边界样式；border-color：边界颜色。

border-style 属性可取值：

(1) none：定义无边框。

(2) hidden：与 "none" 相同，不过应用于表时除外，对于表，hidden 用于解决边框冲突。

(3) dotted：定义点状边框。在大多数浏览器中呈现为实线。

(4) dashed：定义虚线。在大多数浏览器中呈现为虚线。

(5) solid：定义实线。

(6) double：定义双线。双线的宽度等于 border-width 的值。

(7) groove：定义 3D 凹槽边框。其效果取决于 border-color 的值。

(8) ridge：定义 3D 垄状边框。其效果取决于 border-color 的值。

(9) inset：定义 3D inset 边框。其效果取决于 border-color 的值。

(10) outset：定义 3D outset 边框。其效果取决于 border-color 的值。

(11) inherit：规定应该从父元素继承边框样式。

也可以使用简写属性设置宽度、样式和颜色，同时作用于四条边：

```
border: 2px dotted green;
```

下面的样式与上面的样式等价：

```
border-width: 2px;
border-style: dotted;
border-color: green;
```

还可以对单独一条边界单独设置宽度、样式或颜色。以上两组属性都可以作为下面属性的简写属性。

(1) border-top-width：上边界宽度；

(2) border-top-style：上边界样式；

(3) border-top-color：上边界颜色；

(4) border-bottom-width：下边界宽度；

(5) border-bottom-style：下边界样式；

(6) border-bottom-color：下边界颜色；

(7) border-left-width：左边界宽度；

(8) border-left-style：左边界样式；

(9) border-left-color：左边界颜色；

(10) border-right-width：右边界宽度；

(11) border-right-style：右边界样式；

(12) border-right-color：右边界颜色。

上面的属性是对各边的宽度、样式和颜色进行设置，下面一些有趣的属性如圆角边框、盒子阴影等属性可以让盒子变得更加地有创意、更加好看。

2.3.4　圆角边框

盒子的边界半径，也就是圆角。边界半径由属性 border-radius 进行控制，这是一个简写属性，同上面提到过的 margin、padding 等一样，可以有一个、两个、三个或四个值进行设置。同样也可以对盒子的每一个角的半径进行单独设置。

▶ border-top-left-radius：左上角；

▶ border-top-right-radius：右上角；

▶ border-bottom-left-radius：左下角；

▶ border-bottom-left-radius：右下角。

边界半径可以使用 px、em 等长度单位，也可以使用百分数。

border-radius 值的个数以及每个值对应控制的位置如下：

▶ 一个值：设置四个角都有相同的边界半径；

▶ 两个值：第一个值设置左上角和右下角，第二个值设置右上角和左下角；

▶ 三个值：第一个值设置左上角，第二个值设置右上角和左下角，第三个值设置右下角；

▶ 四个值：第一个值设置左上角，第二个值设置右上角，第三个值设置右下角，第四个值设置左下角。

border-radius 以简写属性的三个值为例：

```
border-radius: 10px 20px 30px;
```

下面样式与上面简写属性样式等价：

```
border-top-left-radius: 10px;
border-top-right-radius: 20px;
border-bottom-right-radius: 30px;
border-bottom-left-radius: 20px;
```

在 border-radius 属性中，还可以设置 x 半径和 y 半径的不同，创建椭圆形角。x 半径表示水平半径，y 半径表示垂直半径。x 半径和 y 半径用"/"分隔，在 border-top-left 等四个属性中，传入以"/"隔开的两个值，同理第一个值表示 x 半径，第二个值表示 y 半径，如：

```
border-radius: 30px 20px / 20px 10px 30px;
```

border-radius 的具体开发实例如例 2-6 所示。

【例2-6】　border-radius 的一个实例。

```
<!DOCTYPE html>
<html>
<head>
<style>
div
{ text-align:center;
    border:2px solid #a1a1a1;
    padding:10px 40px;
    background:#dddddd;
    width:350px;
    border-radius:25px  40px  25px 40px;
    -moz-border-radius:25px; /* 老的 Firefox */
}
</style>
</head>
<body>
<div>border-radius 属性允许您向元素添加圆角。</div>
</body>
</html>
```

程序运行效果如图 2-32 所示。

border-radius 属性允许您向元素添加圆角。

图 2-32　border-radius 的一个实例运行效果图

2.3.5　盒子阴影

在盒子的组成成分之外，CSS3 给盒子添加了阴影。盒子的阴影由 box-shadow 属性控制，阴影的轮廓与盒子边界 border 的轮廓一样。该属性的正规语法如下：

none | [inset? && [<offset-x><offset-y><blur-radius>? <spread-radius>? <color>?]]

(1) inset：默认阴影在边框外。使用 inset 后，阴影在边框内（即使是透明边框），背景之上内容之下。

(2) offset-x, offset-y：这是前两个长度值，用来设置阴影偏移量，相对于从 border 外边框线开始计算。offset-x 设置水平偏移量，如果是负值则阴影位于元素左边。offset-y 设置垂直偏移量，如果是负值则阴影位于元素上面。如果两者的值都是 0，那么阴影位于元素后面。这时如果设置了 blur-radius 或 spread-radius 则有模糊效果。

(3) blur-radius：这是第三个长度值。值越大，模糊面积越大，阴影就越大、越淡。blur-radius 不能为负值，默认值为 0，此时阴影边缘锐利。

(4) spread-radius：这是第四个长度值，取正值时，阴影扩大；取负值时，阴影收缩。默认值为 0，此时阴影与元素同样大。

(5) color：如果没有指定，则由浏览器决定，不过目前 Safari 取透明。

设置多个阴影时，使用逗号将每个阴影的值隔开。前面的阴影会在后面阴影之上，如果上层有透明度较低的部分，会与下层的颜色重叠，合成新颜色。

box-shadow 设置方式如下：

```
/* offset-x | offset-y | color */
box-shadow: 60px  -16px  teal;
/* offset-x | offset-y | blur-radius | color */
box-shadow: 10px 5px 5px black;
/* offset-x | offset-y | blur-radius | spread-radius | color */
box-shadow: 2px 2px 2px 1px rgba(0, 0, 0, 0.2);
/* inset | offset-x | offset-y | color */
box-shadow: inset 5em 1em gold;
/* 多个阴影 */
box-shadow:  3px 3px  red, -1em
             0  0.4em olive, 5px
             10px 5px  5px  green;
```

box-shadow 具体开发实例如例 2-7 所示。

【例 2-7】 box-shadow 的开发实例。

```
<!DOCTYPE html>
<html>
<head>
    <meta http-equiv="Content-Type" content="text/html; charset=utf-8" />
    <title> 对象阴影 </title>
    <link href="images/style.css" rel="stylesheet" type="text/css" />
    <style>

    .box1 img {
    box-shadow:  3px 3px   red,
    -1em   0  0.4em olive,
    5px   10px 5px  5px  green;
}
    </style>
</head>
<body>
<h3> 图片对象阴影测试 </h3>
<div class="box1"><img src="boxshadow.png" /></div>
</body>
</html>
```

图 2-33　box-shadow 的开发实例
运行效果图

上述程序运行效果如图 2-33 所示。

图 2-33 效果显示边框设置了 3 层阴影。

2.4　样　　式

CSS3 的核心是对各种 HTML 元素的样式进行设置，使得页面生动活泼，满足展示的各种需求。

2.4.1　长度单位

CSS3 样式中设置盒子宽度、高度和字体大小都要用到长度单位，故先介绍长度单位。

1. 绝对单位

1 in=2.54 cm=25.4 mm=72 pt=6 pc

各种单位的含义：

(1) in：英寸 (inches) (1 英寸 = 2.54 厘米)；

(2) cm：厘米 (centimeters)；

(3) mm：毫米 (millimeters)；

(4) pt：点 (points)，或者叫英镑 (1 点 = 1/72 英寸)；

(5) pc：皮卡 (picas) (1 皮卡 = 12 点)。

2. 相对单位

(1) px：像素，具体大小和屏幕分辨率相关；

(2) em：相对默认字体大小的比值，1em 默认相当于 16 px；

(3) %：百分比，相对父元素文字的大小。

注意：为什么说像素 (px) 是一个相对单位呢？比如说，电脑屏幕的尺寸是不变的，但是我们可以让其显示不同的分辨率，在不同的分辨率下，单个像素的长度是不一样的。

2.4.2　字体属性

页面需要显示出各种的字体以适应各种需求，为了演示字体样式的设置，先建立一个 HTML 文件 (例 2-8)，然后介绍各种不同的字体样式，整体效果图如图 2-34 所示。

【例 2-8】　字体属性设置演示案例的 HTML 脚本文件设计实例。

```
<!DOCTYPE html>
<html>
<meta charset="utf-8" />
<head>
<style type="text/css">
</style>
</head>
<body>
<h1>CSS font 设置 </h1>
<p class="redcolor">This is a paragraph，shown in red color.</p>
<p class="fontfamily">This is a paragraph, shown in the Arial font.</p>
<p class="fontweight">This is a normal paragraph, bold.</p>
<p class="fontstyle ">This is a paragraph, italic.</p>
<p class="fontvariant">This is a paragraph, oblique.</p>
<p class="fontsize"> This is a paragraph. font size is  3em</p>
<p class="fontsimple">This is a paragraph.CSS is set in simple format.</p>
</body>
</html>
```

1. 字体颜色 (color)

color 属性的作用是定义元素内文字颜色。

语法：color: 颜色名 | 十六进制 |RGB|RGBA

(1) 预定义的颜色值，如 red、green、blue 等。

(2) 十六进制，如 #FF0000、#FF6600、#29D794 等。实际工作中，十六进制是最常用的定义颜色的方式。

(3) RGB 代码，如红色可以表示为 rgb(255,0,0)。

(4) RGBA 代码，在 RG 基础上加上透明度，如红色半透明可以表示为 rgba(255,0,0,0.5)。

把 class="redcolor" 的段落设置为红色，可以用如下代码：

```
.redcolor{
    color:red;
}
```

2. 字号大小 (font-size)

font-size 属性的作用是定义元素内文字大小，字体的大小可以用相对单位，也可以用绝对单位，一般建议用相对单位。

语法：font-size: 绝对单位 | 相对单位。

设置 class="fontsize" 的段落大小为 2 em，则可以用下面代码：

```
.fontsize{
    font-size:2em;
}
```

3. 字体 (font-family)

font-family 属性的作用是设置字体。

语法：font-family: 具体字体名，字体集。

网页中常用的字体有宋体、微软雅黑、黑体等，可以同时指定多个字体，中间以逗号隔开，表示如果浏览器不支持第一个字体，则会尝试下一个，直到找到合适的字体为止。例如将网页中 class="fontfamily" 的段落文本的字体设置为微软雅黑，可以使用如下 CSS 样式代码：

```
.fontfamily {
    font-family:"microsoft yahei"
};
```

4. 字体粗细 (font-weight)

font-weight 属性用于定义字体的粗细，其可用属性值：normal、bold、bolder、lighter、100 ～ 900(100 的整数倍)。默认值：normal。数字 400 等价于 normal，而 700 等价于 bold，但是我们更喜欢用数字来表示。例如将页面中 class="fontweight" 的段落文本的字体设置为 bold，可用以下代码：

```
.fontweight {
    font-weight:bold
};
```

5. 字体风格 (font-style)

font-style 属性用于定义字体风格，如设置斜体、倾斜或正常字体，其可用属性值如下：normal：默认值，浏览器会显示标准的字体样式；italic：浏览器会显示斜体的字体样式；oblique：浏览器会显示倾斜的字体样式。例如将页面中 class="fontstyle" 的段落文本的字体设置为斜体，可用以下代码：

```
.fontstyle {
    font-style:italic
};
```

6. 字体变形 (font-variant)

font-variant 属性用于设置元素中文本字体变形，如设成正常或者小型大写字母的字体显示文本，这意味着所有的小写字母均会被转换为大写。

语法：font-variant:normal|small-caps 等。

例如将页面中 class="fontvariant" 的段落文本的字体设置为 small-caps，可用以下代码：

```
.fontvariant{
    font-variant: small-caps;
}
```

7. font 属性简写

font 属性用于对字体样式进行综合设置，其基本语法格式如下：

选择器 {font: font-style font-variant font-weight font-size/line-height font-family;}

使用 font 属性时，必须按上面语法格式中的顺序书写，不能更换顺序，各个属性以空格隔开。例如将页面中 class="fontsimple" 的段落文本进行属性设置，字体大小设置为30 px，字体为 arial narrow，可用以下代码：

```
.fontsimple{
    font: 30px "arial narrow";
}
```

注意：不需要设置的属性可以省略 (取默认值)，但必须保留 font-size 和 font-family属性，否则 font 属性将不起作用。

在按前面标题 2 到 7 的内容分别设置好字体相关属性之后，页面的运行效果如图 2-34所示。

图 2-34　设置字体属性后的运行效果图

8. 自定义网页字体 (@font-face)

在设计页面时，由于场景需要经常会用到漂亮的艺术字体，此时 @font-face 就派上用场了。@font-face 的作用是允许 Web 开发人员自己定义 Web 页面的字体，浏览器从服务端下载并使用自定义字体，使页面显示字体不依赖用户的操作系统字体环境。

@font-face 基本语法如下：

```
@font-face {
    font-family: <webFontName>;
    src: <source> [<format>][,<source> [<format>]]*;
    [font-weight: <weight>];
    [font-style: <style>];
}
```

其中：webFontName: 引入的自定义字体名称；source: 字体路径；format: 字体格式，用于帮助浏览器识别字体格式，如 truetype |opentype |truetype-aat embedded-opentype| svg...；weight: 字体是否粗体；style: 字体样式。如果要在页面中使用自定义字体，可以按照以下步骤完成：

(1) 找到一个自定义字体格式文件；

(2) 使用 @font-face 自定义字体；

(3) 在页中使用自定义字体。

【例 2-9】 自定义 Web 字体和使用字体设计实例。

找到一个字体格式文件"书法 .ttf"，进行相关属性设置后，其运行效果如图 2-35 所示。

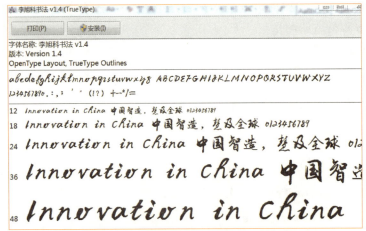

图 2-35　自定义 Web 字体和使用字体设计实例运行效果图

然后在页面中自定义 Web 字体和使用字体，代码如下：

```
<!DOCTYPE html>
<html>
<head lang="en">
    <meta charset="UTF-8">
    <title>@font-face 用法 </title>
</head>
```

```
<style>
@font-face {
    font-family: myFont;
    src:url(' 书法 .ttf ');
}
div{
    font-family: myFont;
    font-size: 4em;
}
</style>
<body>
<div>
    使用 @font-face，应用漂亮的 Web 字体
</div>
</body>
</html>
```

程序运行效果如图 2-36 所示。

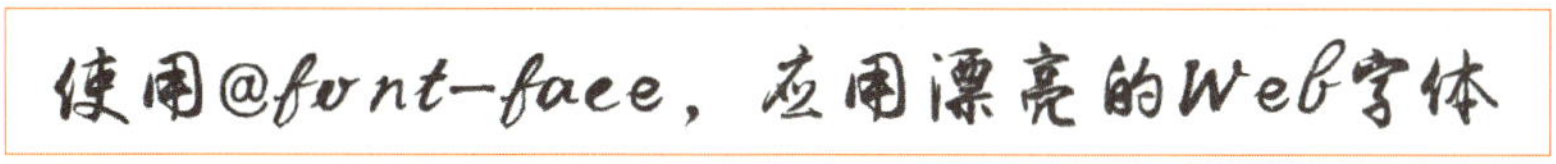

图 2-36　外置字体实例的运行效果图

2.4.3　常用文本属性

页面中文本要进行排版，以满足不同场景需求，此时就需要使用到文本的一些属性，如文本的对齐方式、行高、缩进等。在演示文本属性的设置之前，先建立一个演示所需的基础 HTML 文件如例 2-10所示。

【例 2-10】　演示文本属性的 HTML 脚本文件设计实例。

```
<html>
<head>
<title> 文本对齐属性 text-align</title>
<style type="text/css">
</style>
</head>
<body>
<p class = "textalign"> 本页演示文本属性，该段是居中对齐。</p>
<p class = "p2"> 亏 本 大 甩 卖，原价：<span class="textdecoration"> ￥56.89</span>，现 价：
32.8</p>
<p class = "textident"> 晨辉晓露，蔚然醒来。虽未同起，但求同心。</p>
<p class="lineheight"> 闲时与你立黄昏，灶前笑问粥可温。</p>
</body>
</html>
```

1. 文本对齐属性 (text-align)

text-align 属性用来设定文本的对齐方式。

语法：text-align:left|center|right|justify 等，分别表示左对齐、居中对齐、右对齐、分

散对齐等。

例如将页面中 class="textalign" 的段落文本的对齐方式设置为 left，可用以下代码：

```
. textalign {
    text-align:left;
}
```

2. 文本修饰属性 (text-decoration)

text-decoration 属性是设定文本划线的属性。

语法：text-decoration：none|underline|overline|line-through 等，其中 none：无，缺省值，underline：下划线，overline：上划线，line-through：删除线。例如将页面中 class="textdecoration " 的元素添加删除线，可用以下代码：

```
.textdecoration {
text-decoration: line-through；}
```

3. 文本缩进属性 (text-indent)

text-indent 属性设定文本首行缩进。

语法：text-indent：length|percentage，其值 length 可以用绝对单位 (cm、mm、in、pt、pc) 或者相对单位 (em、ex、px))，percentage 相当于父对象宽度的百分比。例如将页面中 class=" textident " 的段落首行缩进两个字，可用以下代码：

```
.textident{text-indent: 2em;}
```

4. 行高属性 (line-height)

line-height 属性用于设置行间距，就是行与行之间的距离 (一行文字的高度)，即字符的垂直间距，一般称为行高。

语法：line-height:length|percentage，其值 length 可以用绝对单位 (cm、mm、in、pt、pc) 或者相对单位 (em、ex、px))，percentage 相当于默认行高的百分比。一般情况下，行高比字号大 7.8 像素左右就可以了。例如将页面中 class="lineheight " 的段落行高设置为 2，可用以下代码：

```
. lineheight {
        line-height: 2em;
}
```

注意：行高属性还可用作垂直方向上的居中对齐，假如有一个高度为 30 px 的 div 对象，如果要让其文字内容上下垂直居中，我们使用 line-height:30px 即可，也就是让行高等于容器高，文字就自动实现了在容器上的垂直居中对齐。

在例 2-10 的基础上添加从标题 1 到 4 的样式后，页面效果如图 2-37 所示。

图 2-37　设置文本样式后的运行效果图

5. 文本溢出容器处理 (text-overflow)

text-overflow 用来设置当文本溢出元素框时的处理方式。

语法：text-overflow：clip | ellipsis，其中 clip 表示截断，ellipsis 则表示用省略号提醒。

【例 2-11】 文本溢出容器的 HTML 脚本文件，用省略号提示的情形，这种处理方式大量用于移动端设计实例中。

```
<!DOCTYPE html>
<html>
<head>
<meta charset="utf-8" />
<style>
div.test
{   height: 40px;//dsf
    width: 100px;
    white-space:nowrap;
    width:12em;
    overflow:hidden; /* scroll*/
    border:1px solid #000000;
    text-overflow:ellipsis;}
</style>
</head>
<body>
<p> 如何提醒用户后面还有文字，记住使用 "text-overflow:ellipsis"： </p>
<div class="test"> 这是长文本，容器装不下，请注意后面还有文字！ </div>
</body>
</html>
```

程序运行效果如图 2-38 所示。

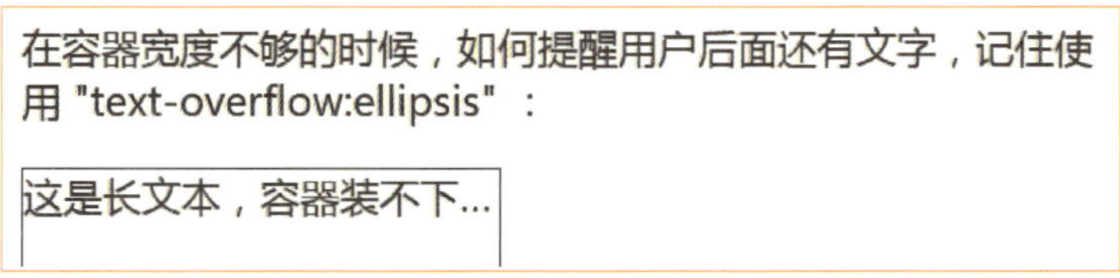

在容器宽度不够的时候，如何提醒用户后面还有文字，记住使用 "text-overflow:ellipsis"：

这是长文本，容器装不下...

图 2-38　文本溢出容器的实例运行效果图

注意：该例子中，除了使用 text-overflow:ellipsis 来设置用省略号提醒之外，还要用 white-space:nowrap 来设置文字不换行，用 overflow:hidden 来设置内容溢出容器的处理方式为隐藏，三者缺一不可，这样才能出现图 2-37 的显示效果。

6. 转换大小写 (text-transform)

text-transform 属性的作用是对文本字母大小写进行转换。

语法：text-transform:none| capitalize| uppercase| lowercase，属性值分别表示：不做转换、每个单词第一个字母为大写、转换成大写、转换成小写。

7. 文本阴影 (text-shadow)

text-shadow 属性为文本设置阴影。利用该属性可以制作一些艺术效果的字体，是前端开发技术中重要的一个属性。

语法：text-shadow: offset-x offset-y blur-radius color；其中：offset-x 为阴影水平位移，offset-y 为垂直位移，这点跟 box-shadow 一致，并且这两个值缺一不可，这两个值都允许负值，offset-x 负值表示向左偏移，offset-y 负值表示向上偏移。blur-radius 表示模糊半径，可选值，假如没有指定值，那么该值的初始值为 0，值越大，那么它的模糊半径就越大。color 值可选，假如没有指定，那么跟文本颜色一致，假如文本颜色也没有指定，那么使用浏览器默认颜色。

【例 2-12】 使用 text-shadow 添加单层阴影的实例。

```
<!DOCTYPE html>
<html>
<head>
    <meta charset="utf-8">
    <title>text-shadow 属性 </title>
    <style type="text/css">
      P{
            font-size: 50px;
            text-shadow:10px 10px 10px #2c41ff; // 设置文字阴影的垂直距离、水平距离、模糊
半径和颜色
      }
    </style>
</head>
<body>
<p>text-shadow 属性可以为文字添加阴影哦！</p>
</body>
</html>
```

text-shadow属性可以为文字添加阴影哦！

图 2-39　例 2-12 的运行效果图

程序运行效果如图 2-39 所示。

【例 2-13】 利用多层阴影制作艺术字的示例，前端中常见的艺术字效果就是给文本设置多个 shadow。

```
<!DOCTYPE html>
<html>
<head>
<style>
.texteffect5 {
  color:#28A4C9;
  text-shadow: 1px 1px rgba(197, 223, 248,0.8),
          2px 2px rgba(197, 223, 248,0.8),
          3px 3px rgba(197, 223, 248,0.8),
          4px 4px rgba(197, 223, 248,0.8),
          5px 5px rgba(197, 223, 248,0.8),
          6px 6px rgba(197, 223, 248,0.8);
}
.texteffect6 {
  color: grey;
  text-shadow:
```

```
    -1px -1px rgba(197, 223, 248,0.8),
    -2px -2px rgba(197, 223, 248,0.8),
    -3px -3px rgba(197, 223, 248,0.8),
    -4px -4px rgba(197, 223, 248,0.8),
    -5px -5px rgba(197, 223, 248,0.8),
    -6px -6px rgba(197, 223, 248,0.8);
    }
    .texteffect7 {
      color: #eee;
      text-shadow: 5px 5px 0 #666, 7px 7px 0 #eee;
    }
    </style>
    <title></title>
    </head>
    <body>
    <div class="texteffect4">
    <h3>Photoshop Emboss Effect</h3>
    </div>
    <div class="texteffect5">
    <h3>3D Text Style</h3>
    </div>
    <div class="texteffect6">
    <h3>Another 3D Text Style</h3>
    </div>
    <div class="texteffect7">
    <h3>Vintge/Retro text effect</h3>
    </div>
    </body>
    </html>
```

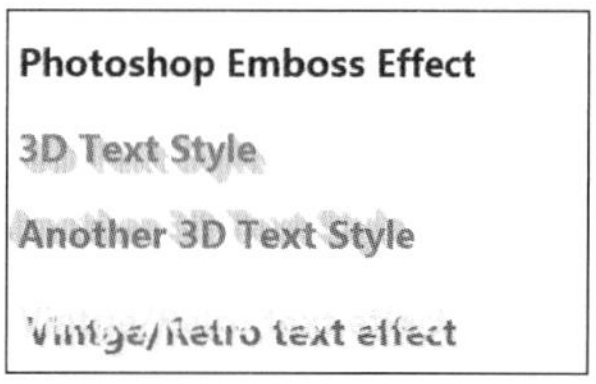

图 2-40　例 2-13 的运行效果图

程序运行效果如图 2-40 所示。

2.4.4　背景属性

1. 背景颜色属性 (background-color)

background-color 属性用于为 HTML 元素设定背景颜色，相当于 HTML 中 bgcolor 属性语法：background-color: color，其中 color 可以为 rgb()、rgba()、预定义的颜色或者样色数值。

【例 2-14】　设置背景颜色实例。

```
    <!DOCTYPE html>
    <html>
    <meta charset="utf-8" />
    <head>
    <style>
    #div
    {
```

```
        width: 18.75rem;
        height: 200px;
        overflow: scroll;
        border:1px solid black;
        background-color:#00BEFF;
        padding:35px;
        //background-clip: content-box;
    }
    </style>
    </head>
    <body>
    <div id="div">
```

CSS 中背景相关属性介绍：

(1) background-color 设置颜色作为对象背景颜色；

(2) background-image 设置图片作为背景图片；

(3) background-repeat 设置背景平铺重复方向；

(4) background-attachment 设置或检索背景图像是随对象内容滚动还是固定的；

(5) background-position 设置或检索对象的背景图像位置。

background 背景样式的值是复合属性值组合，也就是背景单词的值可以跟多个属性值，值与值之间使用一个空格间隔链接上即可。

如：

```
background:#000 url( 图片地址 ) no-repeat left top
</div>
</body>
</html>
```

程序运行效果如图 2-41 所示。

由运行效果图可见，background-color 设置背景颜色的默认范围是内边距框，如果需要把背景颜色限定到内容框，则需要添加：background-clip: content-box; 经过这个设置后，程序运行效果如图 2-42 所示。

图 2-41　设置背景颜色实例运行效果图　　　　图 2-42　修改设置背景颜色后的运行效果图

2. 背景图片属性 (background-image)

background-image 属性用于为 HTML 元素设定背景图片，相当于 HTML 中的 background

属性。

语法：background-image:url(../images/css_tutorials/background.jpg)，其中 url 用来设置图片路径，一般使用相对路径。

3. 背景重复属性 (background-repeat)

background-repeat 属性和 background -image 属性连在一起使用，决定背景图片是否重复。如果只设置 background-image 属性，没设置 background-repeat 属性，在缺省状态下，图片既横向重复，又竖向重复。

语法：background-repeat：repeat-x| repeat-y| no-repeat，其中 repeat-x 表示背景图片横向重复，repeat-y 表示背景图片竖向重复，no-repeat 表示背景图片不重复。

4. 背景附着属性 (background-attachment)

background-attachment 属性和 background-image 属性连在一起使用，决定图片是跟随内容滚动，还是固定不动。

语法：background-attachment:fixed|scroll，其中 scroll 表示滚动，fixed 表示固定，缺省值为 scroll。

5. 背景位置属性 (background-position)

background-position 属性和 background-image 属性连在一起使用，决定了背景图片的最初位置。

语法：background-position：位置关键字 |x-offset y-offset，其中位置关键字包括 top、bottom、left、right 和 center，x-offset 为 x 方向的偏移值，y-offset 为 y 方向的偏移值。偏移值指定元素内边距区偏移的坐标，背景图片左上角与该点对齐，共同决定背景图片的最初位置。

6. 背景尺寸属性 (background-size)

background-size 属性规定背景图片的尺寸。在 CSS3 之前，背景图片的尺寸是由图片的实际尺寸决定的。在 CSS3 中，可以规定背景图片的尺寸，这就允许我们在不同的环境中重复使用背景图片。

语法：background-size：n px| 百分比 |contain|cover，其中 n px 是像素值。百分比则指背景图片填满容器的百分比。contain 指按比例调整图片大小，使图片宽、高自适应整个元素的背景区域，并全部包含在容器内，如果：

(1) 图片大于容器：有可能使容器出现空白区域，此时需将图片缩小；

(2) 图片小于容器：有可能使容器出现空白区域，此时需将图片放大。

cover：与 contain 刚好相反，背景图片会按比例缩放然后自适应填充整个背景区域，如果背景区域不足以包含所有背景图片，图片内容会溢出，如果：

(1) 图片大于容器：等比例缩小，会填满整个背景区域，有可能造成图片的某些区域不可见；

(2) 图片小于容器：等比例放大，会填满整个背景区域，有可能造成图片某个方向上内容的溢出。

7. 背景定位属性 (background-origin)

background-origin 属性规定背景图片的定位区域，用于指定在绘制背景时，从边框的左上角开始或者从内容的左上角开始。

语法：background-origin：content-box|padding-box | border-box，其中，content-box、padding-box、border-box 分别指图片可以放置于 content-box、padding-box 或 border-box 区域，如图 2-43 所示。

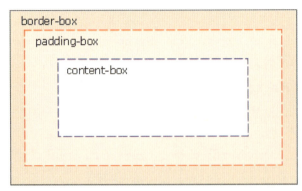

图 2-43　content-box、padding-box 和 border-box 区域示意图

8. 背景剪裁属性 (background-clip)

background-clip 属性规定背景图片的裁剪区域。

语法：background-clip: border-box|padding-box|content-box，其中 content-box、padding-box、border-box 分别指图片可以放置于 content-box、padding-box 或 border-box 区域，如图 2-44 所示。

图 2-44　background-clip 属性背景图片示意图

【例 2-15】　设置元素背景图片的实例 (注意：网页中容器元素都可单独设置背景)。

```
<!DOCTYPE html>
<html>
<meta charset="utf-8" />
<head>
<style>
#div1
{
    width: 18.75rem;
    height: 200px;
    overflow: scroll;
    border:1px solid black;
```

```
            padding:35px;
            background-image:url('eg_bg_04.gif ');
            background-repeat:no-repeat;
            background-position:center;
            background-attachment: fixed;
            background-size:100% 100%;
            background-origin:border-box;
            //background-clip: content-box;
        }
    </style>
    </head>
    <body>
    <div id="div1">
    CSS 中背景单词:
    background CSS 手册查询 -background 手册
    background-color 设置颜色作为对象背景颜色
    background-image 设置图片作为背景图片
    background-repeat 设置背景平铺重复方向
    background-attachment 设置或检索背景图像是随对象内容滚动还是固定的。
    background-position 设置或检索对象的背景图像位置。
    Background 背景样式的值是复合属性值组合,也就是背景单词的值可以跟多个属性值,值与
值之间使用一个空格间隔链接上即可。
    如:
    background:#000 url( 图片地址 ) no-repeat left top
    </div>
    </body>
    </html>
```

程序运行效果如图 2-45 所示。

图 2-45　设置元素背景图片的实例运行效果图

本例背景图片是经过放大后铺满了整个容器的内边距框,并且拖动滚动条,背景不会随着滚动。

9. 背景复合属性 (background)

background 属性是对上述属性的复合简写。

语法:background: background-color background-image background-repeat background-attachment background-position;

background 有固定书写顺序，有默认值，例如：

background: transparent none repeat scroll 0% 0%; 中文含义：透明 / 无背景图片 / 平铺 / 背景图片随文本滚动 / 位于元素左上角。

10. 背景使用渐变

在 CSS3 中设置背景图片，除了可以使用 URL 引入已有图片外，还可以通过使用渐变函数构建图片来设置。渐变是 CSS3 当中比较丰富多彩的一个特性，通过渐变我们可以实现许多绚丽的效果，有效地减少图片的使用数量，并且渐变具有很强的适应性和可扩展性。可分为线性渐变、径向渐变。

1) 线性渐变

线性渐变是指沿着某条直线朝一个方向产生渐变效果。

语法：background: linear-gradient(direction, color1, color2 [stop], color3...);

其中：

(1) direction：表示线性渐变的方向。to left：设置渐变为从右到左，相当于 270 deg; to right：设置渐变从左到右，相当于 90 deg; to top：设置渐变从下到上，相当于 0 deg; to bottom：设置渐变从上到下，相当于 180 deg，这是默认值。

(2) color1：起点颜色。

(3) color2：过渡颜色，指定过渡颜色的位置 stop，stop 用百分比表示。

(4) color3：结束颜色，我们还可以在后面添加更多的过渡颜色和位置，表示多种颜色的渐变。

【例 2-16】 颜色线性渐变设计实例。

```
<!DOCTYPE html>
<html>
<meta charset="utf-8" />
<head>
<style>
#div3{
    width: 18.75rem;
    height: 200px;
    overflow: scroll;
    border:1px solid black;
    background-image: linear-gradient(to right, blue, green 20%, yellow 50%, purple 80%, red);
}
</style>
</head>
<body>
<div id="div3">
CSS 中背景单词：
background CSS 手册查询 -background 手册
background-color 设置颜色作为对象背景颜色
background-image 设置图片作为背景图片
```

background-repeat 设置背景平铺重复方向

background-attachment 设置或检索背景图像是随对象内容滚动还是固定的。

background-position 设置或检索对象的背景图像位置。

Background 背景样式的值是复合属性值组合，也就是背景单词的值可以跟多个属性值，值与值之间使用一个空格间隔链接上即可。

如：

background:#000 url(图片地址) no-repeat left top

</div>

</body>

</html>

程序运行效果如图 2-46 所示。

从效果图可知 background-image 属性可以使用线性渐变函数创建的图片效果来设置背景。

图 2-46　例 2-16 的运行效果图

2) 径向渐变

径向渐变指从一个中心点开始沿着四周产生渐变效果。

语法：background: radial-gradient(shape size at position, start-color, ..., color [stop]..., last-color);

其中：

(1) shape：渐变的形状。

① ellipse 表示椭圆形；

② circle 表示圆形，默认为 ellipse。

如果元素宽高相同为正方形，则 ellipse 和 circle 显示一样；如果元素宽高不相同，默认效果为 ellipse。

(2) size：渐变的大小，即渐变到哪里停止。它有四个值。

① closest-side：最近边；

② farthest-side：最远边；

③ closest-corner：最近角；

④ farthest-corner：最远角，默认是最远角。

(3) at position：渐变的中心位置。比如：

① at top left：中心为元素左上角位置；

② at center center：中心为元素中心位置；

③ at 5 px 10 px：中心为偏移元素左上角位置右边 5 px、下边 10 px 的位置。

(4) start-color：起始颜色。

(5) color ：渐变颜色。

(6) stop 表示颜色在渐变形成图片的位置，用百分比表示。

(7) last-color：结束颜色。

注意：各个参数之间用空格隔开，而不是逗号隔开。

【例 2-17】　径向渐变设计实例。

```
<!DOCTYPE html>
<html>
<head lang="en">
```

```
        <meta charset="UTF-8">
        <title>CSS3 径向渐变 </title>
        <style type="text/css">
            div {
                width: 300px;
                height: 300px;
                margin: 100px auto;
                /* border: 1px solid blue; */
                background: radial-gradient(circle farthest-side at right top, red, yellow 50%, blue);
            }
        </style>
    </head>
    <body>
        <div></div>
    </body>
</html>
```

程序运行效果如图 2-47 所示。

图 2-47   例 2-17 的运行效果图

3) 重复渐变

repeating-linear-gradient 表示线性重复渐变；repeating-radial-gradient 表示径向重复渐变。重复渐变需要有一个重合的百分比作为分界线，然后自动按照比例重复渐变。

【例 2-18】 重复渐变设计实例。

```
<!DOCTYPE html>
<html>
<head lang="en">
    <meta charset="UTF-8">
    <title>CSS3 径向渐变 </title>
    <style type="text/css">
        div:first-of-type {
            width: 300px;
            height: 300px;
            margin: 100px auto;
            /* border: 1px solid blue; */
            background: repeating-radial-gradient(circle closest-side at center center,
                        blue 0%, yellow 10%, blue 20%,
                        red 20%, yellow 30%, red 40%);
        }
        div:last-of-type {
            width: 500px;
            height: 50px;
            margin: 100px auto;
            /* border: 1px solid blue; */
            background: repeating-linear-gradient(45deg, yellow 0%, blue 5%, red 10%,
                        red 10%, blue 15%, yellow 20%);
        }
    </style>
```

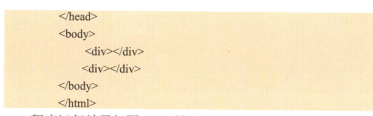

```
    </head>
    <body>
        <div></div>
        <div></div>
    </body>
    </html>
```

程序运行效果如图 2-48 所示。

图 2-48　例 2-18 运行效果图

2.4.5　列表样式

列表是页面常见的元素，既可以作为直接展示的要素，也可以作为导航或者布局的基础。列表的样式主要有项目符号类型、项目符号位置、图片作为项目符号等属性。

1. 项目符号类型 (list-style-tpye)

在 CSS 中，不管是有序列表还是无序列表，都统一使用 list-style-type 属性来定义列表项符号。

语法：list-style-type：disc | circle | square | decimal | lower-roman | upper-roman | lower-alpha | upper-alpha | none | armenian | cjk-ideographic | georgian | lower-greek | hebrew | hiragana | hiragana-iroha | katakana | katakana-iroha | lower-latin | upper-latin，其中各个值的含义如下：

(1) 有序列表 list-style-type 属性取值如下：

① decimal，默认值，数字 1、2、3……

② lower-roman，小写罗马数字 i、ii、iii……

③ upper-roman，大写罗马数字 I、II、III……

④ lower-alpha，小写英文字母 a、b、c……

⑤ upper-alpha，大写英文字母 A、B、C……

(2) 无序列表 list-style-type 属性取值如下：

① disc，默认值，实心圆 "●"；

② circle，空心圆 "○"；

③ square，实心正方形 "■"。

2. 图片作为项目符号 (list-style-image)

不管是有序列表，还是无序列表，都有它们自身的列表项符号。但是默认的列表项符号表现形式单调，如果想自定义列表项符号，那么在 CSS 中我们可以使用 list-style-image 属性来自定义列表项符号。自定义列表项符号实际上就是列表项符号改为一张图片，而引用一张图片就要给出它的引用路径。

语法：list-style-image：none | URL，其中 URL 为图片的路径。

3. 项目符号位置 (list-style-position)

list-style-position 属性设置在何处放置列表项标记，用于声明列表标志相对于列表项内容的位置。外部 (outside) 标志会放在离列表项边框边界一定距离处，不过这距离在 CSS 中未定义。内部 (inside) 标志处理为就像插入在列表项内容最前面的行内元素一样。

语法：list-style-position：inside | outside。

4．列表样式简写 (list-style)

list-style 是设置列表项目相关内容，依次写出 list-style-image，list-style-position，list-style-type 的取值，也可只写其中一个或者两个取值。

语法：list-style：[list-style-image] ‖ [list-style-position] ‖ [list-style-type]。

【例 2-19】 列表样式设计实例。

```
<!DOCTYPE html>
<html>
<head>
<meta charset="utf-8">
<title> 列表样式 (runoob.com)</title>
<style>
ul.a {list-style:circle;}
ul.b {list-style:disc;}
ol.e {list-style-type:cjk-ideographic;}
ol.f {list-style: url("sqpurple.gif");}
</style>
</head>
<body>
<ul class="a">
<li>Circle type</li>
<li>Tea</li>
<li>Coca Cola</li>
</ul>
<ul class="b">
<li>Disc type</li>
<li>Tea</li>
<li>Coca Cola</li>
</ul>
<ol class="e">
<li>Cjk-ideographic type</li>
<li>Tea</li>
<li>Coca Cola</li>
</ol>
<ol class="f">
<li>Decimal type</li>
<li>Tea</li>
<li>Coca Cola</li>
</ol>
</body>
</html>
```

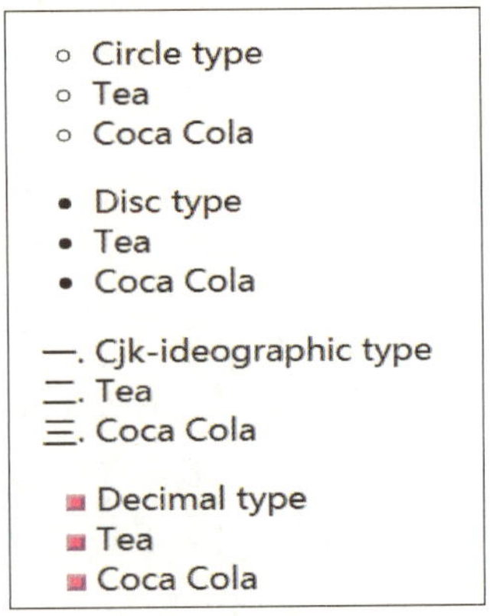

图 2-49　例 2-19 运行效果图

程序运行效果如图 2-49 所示。

2.4.6　表格样式

表格作为页面中展示数据的主要元素，其样式直接影响应用程序界面的直观性和美观度。表格样式属性主要有表格边框，表格尺寸、背景，单元格内边距和对齐方式等。

1．表格边框

如需在 CSS 中设置表格边框，那么可使用 border 属性。如需给 table、th、td 等元素设置边框，可以通过设置 border 属性来实现，如：

图 2-50 table、th、td 独立
设置边框效果图

```
table,th,td { border:1px solid black;}
```

如果对 table、th、td 独立设置边框，会变成如图 2-50 所示的效果。

在图 2-50 中，如果想要单元格和表格边框之间不显示空隙，那就要用到 border-collapse。

【例 2-20】 表格边框设置实例。

```
<!DOCTYPE html PUBLIC "-//W3C//DTD XHTML 1.0 Transitional//EN""http://www.w3.org/TR/
xhtml1/DTD/xhtml1-transitional.dtd">
<html>
<head>
<style type="text/css">
table {
    border-collapse:collapse;
}
table, td, th {
    border:1px solid black;
}
</style>
</head>
<body>
<table>
<tr>
<th>Firstname</th>
<th>Lastname</th>
</tr>
<tr>
<td>Bill</td>
<td>Gates</td>
</tr>
<tr>
<td>Steven</td>
<td>Jobs</td>
</tr>
</table>
<p><b>注释：</b>如果没有规定 !DOCTYPE，
border-collapse 属性可能会引起意想不到的错误。</p>
</body>
</html>
```

图 2-51 例 2-20 的运行效果图

程序运行效果如图 2-51 所示。

2．表格尺寸、背景

通过 width 和 height 属性定义表格的宽度和高度，这本质就是设置 table 元素这个盒子的高度和宽度。

border 属性用于设置表格的边框颜色，background-color 属性用于设置单元格内的颜色，color 属性用于设置表格内文字的颜色。

3．单元格内边距和对齐方式

如需控制表格中内容与边框的距离，需要为 td 和 th 元素设置 padding 属性。text-align 和 vertical-align 属性设置表格中文本的对齐方式。vertical-align 属性设置垂直对齐方式。text-align 属性设置水平对齐方式，比如左对齐、右对齐或者居中。

【例 2-21】 表格的综合设计实例。

本案例设置了表格的相关属性。在样式表中设置了表头的相关属性。为美化表格，案例中也为不同单元格设置不同的背景颜色。

```
<!DOCTYPE html>
<html>
<head>
<meta charset="UTF-8">
<title> 表格设置 </title>
<style type="text/css">
.mytable{
    border:1px solid #A6C1E4;
    font-family:Arial;
    border-collapse: collapse;
    height:200px;
    vertical-align: middle;
    text-align:center;
    margin: 0 auto;
}
table th{
    border:1px solid black;
    background-color:#71c1fb;
    width:100px;
    height:20px;
    font-size:15px;
}
table td{
    border:1px solid #A6C1E4;
    height:15px;
    padding-top:5px;
    font-size:12px;
}
.double{
    background-color:#c7dff6;
}
```

```
</style>
</head>
<body>
<table class="mytable">
<tr>
<th> 姓名 </th><th> 年龄 </th><th> 性别 </th><th> 地址 </th><th> 生日 </th><th> 工资 </th>
</tr>
<tr><td> 周小龙 </td><td>32</td><td> 男 </td><td> 香港 </td><td>1955-07-23</td><td >10000 </td></tr>
<tr class="double"><td> 周星星 </td><td>32</td><td> 男 </td><td> 香港 </td><td>1955-07-23 </td><td>
10000</td></tr>
<tr><td> 周大福 </td><td>32</td><td> 男 </td><td> 香港 </td><td>1955-07-23 </td><td>10000 </td></tr>
<tr class="double"><td> 周六福 </td><td>32</td><td> 男 </td><td> 香港 </td><td>1955-07-23 </td><td>
10000</td></tr>
<tr><td> 周五福 </td><td>32</td><td> 男 </td><td> 香港 </td><td>1955-07-23 </td><td> 10000 </td></tr>
</table></body>
</html>
```

程序运行效果如图 2-52 所示。

姓名	年龄	性别	地址	生日	工资
周小龙	32	男	香港	1955-07-23	10000
周星星	32	男	香港	1955-07-23	10000
周大福	32	男	香港	1955-07-23	10000
周六福	32	男	香港	1955-07-23	10000
周五福	32	男	香港	1955-07-23	10000

图 2-52　表格的综合案例运行效果图

2.5　定　位

如果希望页面中各元素在页面上摆放合理、美观，且不随页面缩放而发生位置的变化，那么就需要使用到 CSS3 的定位技术。

2.5.1　定位概述

CSS 使用 position 属性和 float 属性对元素进行定位，利用这些属性，可以建立列式布局，将布局的一部分与另一部分重叠，还可以完成需要使用多个表格才能完成的任务。定位的基本思想很简单，一方面，position 属性允许我们定义元素框相对于其正常位置应该出现的位置，或者相对于父元素、另一个元素甚至浏览器窗口本身的位置。另一方面，CSS 中提出元素浮动概念，浮动使得元素能够根据其前面元素的元素位置推理本身位置，通常要灵活使用两个属性，才能在页面布局好我们的元素。

要理解定位，先理解一切元素皆为框。div、h1 或 p 元素常常被称为块级元素。这意味着这些元素显示为一块内容，即"块框"。与之相反，span 和 strong 等元素称为"行内元素"，这是因为它们的内容显示在行中，即"行内框"。可以使用 display 属性改变生成的框的类型，这意味着，如果将 display 属性设置为 block，可以让行内元素（比

如 <a> 元素) 表现得像块级元素一样。还可以将 display 属性设置为 none，这可以让生成的元素根本没有框，这样的话，该框及其所有内容就不再显示，不占用文档中的空间。但是在一种情况下，即使没有进行显式定义，也会创建块级元素，这种情况发生在把一些文本添加到一个块级元素 (比如 div) 的开头。即使没有把这些文本定义为段落，它也会被当作段落对待。

```
<div>
some text
<p>Some more text.</p>
</div>
```

在上面代码这种情况下，这个框称为无名块框，因为它不与专门定义的元素相关联。块级元素的文本行也会发生类似的情况。假设有一个包含三行文本的段落，每行文本形成一个无名框。无法直接对无名块或行框应用样式，因为没有可以应用样式的地方 (注意：行框和行内框是两个概念)，但是这有助于理解在屏幕上看到的所有东西都形成某种框。

CSS 有三种基本的定位机制：普通流、浮动和绝对定位。除非专门指定，否则所有框都在普通流中定位。也就是说，普通流中的元素的位置由元素在 HTML 中的位置决定。块级框从上到下一个接一个地排列，框之间的垂直距离是由框的垂直外边距计算出来的。行内框在一行中水平布置，可以使用水平内边距、边框和外边距调整它们的间距。但是垂直内边距、边框和外边距不影响行内框的高度。由一行形成的水平框称为行框 (Line Box)，行框的高度总是足以容纳它包含的所有行内框，不过设置行高可以增加这个框的高度。

与定位相关的 CSS 属性有：

(1) position：把元素放置到一个静态的、相对的、绝对的或固定的位置中。

(2) top：定义了定位元素上外边距边界与其包含块上边界之间的偏移。

(3) right：定义了定位元素右外边距边界与其包含块右边界之间的偏移。

(4) bottom：定义了定位元素下外边距边界与其包含块下边界之间的偏移。

(5) left：定义了定位元素左外边距边界与其包含块左边界之间的偏移。

(6) overflow：设置当元素的内容溢出其区域时发生的事情。

(7) clip：设置元素的形状。元素被剪入这个形状之中，然后显示出来。

(8) vertical-align：设置元素的垂直对齐方式。

(9) z-index：设置元素的堆叠顺序。

2.5.2　四种定位

通过使用 position 属性，CSS3 可以选择四种不同类型的定位，这会影响元素框生成的方式。

(1) static，元素框正常生成。块级元素生成一个矩形框，作为文档流的一部分。行内元素则会创建一个或多个行框，置于其父元素中，这是 position 属性的默认值。

(2) relative，元素框偏移某个距离。元素仍保持其未定位前的形状，它原本所占的空间仍保留。

(3) absolute，元素框从文档流完全删除，并相对于其包含块定位。包含块可能是文档中的另一个元素或者是初始包含块。元素原先在正常文档流中所占的空间会关闭，就好像元素原来不存在一样。元素定位后生成一个新的块级框，而不论原来它在正常流中生成何种类型的框。

(4) fixed，元素框的表现类似于将 position 设置为 absolute，不过其包含块是视窗本身。

1．默认定位

默认定位为元素在浏览器中默认的定位方式。元素框正常生成。块级元素生成一个矩形框，作为文档流的一部分，行内元素则会创建一个或多个行框，置于其父元素中。元素不设置 position 属性，自动使用该定位。

2．相对定位

设置为相对定位的元素框会偏移某个距离，元素仍然保持其默认未定位的形状，它原本所占的空间仍保留。如果对一个元素进行相对定位，它将出现在它所在的位置上。然后，可以通过设置垂直或水平位置，让这个元素"相对于"它的默认起点进行移动。

相对定位中，要使用 position、top、left 等属性。如果将 top 属性设置为 20 px，那么框将在原位置顶部下面 20 px 的地方。如果 left 属性设置为 30 px，那么会在元素左边创建 30 px 的空间，也就是将元素向右移动。注意：top 属性和 left 属性都能取负值，如 left 设置为 -20 px，则内容会从原来所在位置向左偏移 20 px。

```
#box_relative {
  position: relative;
  left: 30px;
  top: 20px;
}
```

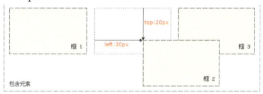

代码运行结果如图 2-53 所示。

图 2-53　相对定位示意图

注意：相对定位实际上被看作普通流定位模型的一部分，因为元素的位置相对于它在普通流中的位置。在使用相对定位时，无论是否进行移动，元素仍然占据原来的空间。因此，移动元素会导致它覆盖其他框。

3．绝对定位

设置为绝对定位的元素框从文档流完全删除，元素原先在正常文档流中所占的空间会关闭，就好像该元素原来不存在一样。绝对定位相对于其已定位的包含块进行定位，包含块可能是文档中的另一个元素或者是初始包含块。绝对定位中，除了要使用 position 属性设置为 absolute 外，还要使用 top、left、bottom、right 等属性来设置本元素在最近一层已经定位的祖先元素中的位置，如果不存在已定位的祖先元素，那么"相对于"最初的包含块，根据用户代理的不同，最初的包含块可能是画布或 HTML 元素。元素定位后生成一个块级框，而不论原来它在正常流中生成何种类型的框。

绝对定位使元素的位置与文档流无关，因此不占据原有空间，这一点与相对定位不同，相对定位实际上被看作普通流定位模型的一部分，因为元素的位置相对于它在普通流中的位置。

普通流中其他元素的布局就像绝对定位的元素不存在一样：

```
#box_ absolute {
  position: absolute;
```

```
        left: 30px;
        top: 20px;
    }
```

上述程序运行效果如图 2-54 所示。

绝对定位的框与文档流无关，它们可以覆盖页面上的其他元素，也就是说多个绝对定位的元素可以相互堆叠形成多层，可以通过设置 z-index 属性来控制

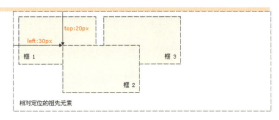

图 2-54　绝对定位示意图

这些框的堆放次序，z-index 的值越小越在下面层次，越大越在上面层次。为了演示相对定位和绝对定位的原理，下面列举一个实例。

【例 2-22】　相对定位和绝对定位应用实例。

```
<!DOCTYPE html>
<html>
<head>
<meta charset="utf-8" />
<style type="text/css">
div.relative {
        background: url(china_pavilion.jpg) no-repeat center;
        height: 400px;
        width: 33%;
        border: 1px solid red ;
        position:relative;
        top:50px;
        left:33%;
}
h2.pos_abs
{ position:absolute;
    left:40%;
    top:20px;
}
h2.pos_abs2
{ position:absolute;
    right:40%;
    bottom:40px;
}
</style>
</head>
<body>
<div class="relative">
<h2 class="pos_abs"> 中国馆 </h2>
<h2 class="pos_abs2">2010 年上海 </h2>
</div>
</body>
</html>
```

图 2-55　相对和绝对定位应用实例运行效果图

程序运行效果如图 2-55 所示。

从实例的效果图可看出使用相对定位进行了 div 元素的定位，使 div 元素偏离了原来的位置，同时使用绝对定位，使两个 h2 元素分别定位于 div 元素内部的上部和下部。

4.固定定位

固定定位是相对浏览器窗口进行定位，也即是常说的钉在浏览器窗口的定位方式。固定定位中，除了将 position 属性设置为 fixed 外，还要使用 top、bottom、left、right 等属性，用这些属性来设置本元素相对于浏览器窗口的上下左右位置。固定定位常用作悬在浏览器窗口的导航条。如想设计一个悬停在浏览器窗口不随滚动条滚动的导航条，则需要用到固定定位，如例 2-23 所示。

【例 2-23】　固定定位应用实例。

```
<!DOCTYPE html>
<html>
<head lang="en">
    <meta charset="UTF-8">
    <title> 官网 </title>
    <!--<link href="mystyle.css" rel="stylesheet">-->
    <style>
    /* 为整个页面设置统一字体 , 且保持浏览器窗口与内容之间无间距 */
    body {
        margin: 0;
        color: white;
        font-family: 微软雅黑 ;
        background-image: url("../image/black-earth.jpg");
    }
    .right{
            position: fixed;
            width: 110px;
            height: 350px;
            top:120px;
            right: 50px;
    }
    ul{
            list-style-type: none;
            line-height:30px ;
            border: 1px solid #DCDCDC;
            border-radius: 15px;
    }
     li{
            position: relative;
            right: 20px;
    }
```

```
            </style>
        </head>
        <body>
            <div class="right">
            <ul>
                    <li><a href="#career"> 职业发展 </a></li>
                    <li><a href="#outline"> 课程大纲 </a></li>
                    <li><a href="#jobs"> 就业详情 </a></li>
                    <li><a href="#mode1"> 就业专访 </a></li>
                    <li><a href="#java-1">JSP 作品 </a></li>
                    <li><a href="#web-1">HTML5 作品 </a></li>
                    <li><a href="#student"> 学员天地 </a></li>
                    <li><a href="#teacher"> 师资力量 </a></li>
                    <li><a href="#contact"> 联系我们 </a></li>
            </ul>
            </div>
        </body>
    </html>
```

程序运行效果如图 2-56 所示。

图 2-56　固定定位应用实例运行效果图

2.5.3　浮动

CSS 使用 float 属性来设置浮动，被设置浮动的框可以向左或向右移动，直到它的外边缘碰到包含框或另一个浮动框的边框为止。

由于浮动框不在文档的普通流中，所以文档的普通流中的块框表现得就像浮动框不存在一样。如图 2-57(a) 所示，当把框 1 向右浮动时，它脱离文档流并且向右移动，直到它的右边缘碰到包含框的右边缘 (如图 2-57(b) 所示)。

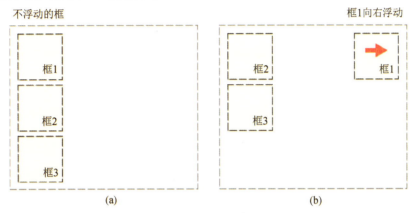

图 2-57　浮动示意图

如图 2-58(a) 所示，当框 1 向左浮动时，它脱离文档流并且向左移动，直到它的左边缘碰到包含框的左边缘。因为它不再处于文档流中，所以它不占据空间，实际上覆盖住了框 2，使框 2 从视图中消失。如果把所有三个框都向左移动，那么框 1 向左浮动直到碰到包含框，另外两个框向左浮动直到碰到前一个浮动框，如图 2-58(b) 所示。

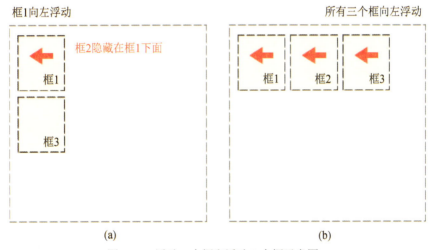

图 2-58　浮动 1 个框和浮动 3 个框示意图

当创建浮动框时，旁边的行框会被缩短，从而给浮动框留出空间，此时行框围绕浮动框，即文本围绕图像，如图 2-59 所示。

要想阻止行框围绕浮动框，需要对该框应用 clear 属性。clear 属性的值可以是 left、right、both 或 none，它可以设置框的哪些边不应该挨着浮动框。

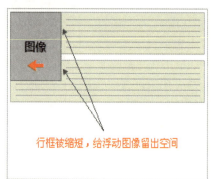

图 2-59   文本环绕示意图

浮动常用于使用宫格摆放多个属性相同的物件，如手机端的电商平台商品展示等，下面通过做一个在线计算器的界面来学习如何使用浮动进行宫格式摆放。

【例 2-24】   浮动的综合设计实例。

```html
<!DOCTYPE html>
<html>
<head lang="en">
    <meta charset="UTF-8">
    <title> 在线计算器浮动综合案例 </title>
    <style type="text/css">
        #outer{
                width: 450px;
                height: 500px;
                border: 1px solid black;
                margin: 20px auto;
                border-radius: 12px;
                }
        #top{
                height: 50px;
                width: 450px;
                background-color: gray;
                border-radius: 12px 12px 0px 0px;
        }
        #result{
                height: 50px;
                width: 450px;
                background-color: gray;
                 border: 1px solid red;
        }
        #button{
                height: 400px;
                width: 450px;
                padding-left: 8px;
        }
```

```
                    #button div{
                            margin-left: 5px;
                            width:105px;
                            height: 75px;
                            line-height: 78px;
                            vertical-align: middle;
                            float:left;
                            margin: 2px;
                            text-align: center;
                            background-color: #0000FF;
                            color: white;
                            border-radius: 5px;
                                    }
            .point{
                    width: 20px;
                    height: 20px;
                    border-radius: 10px;
                     float: left;
        margin-top: 15px;
                            margin-left: 20px;
            }
            #button   div:hover{
                    background-color: yellowgreen;
            }
            .bg-red{
                    background-color: red;
                    }
            .bg-blue{
                    background-color: blue;
                    }
            .bg-green{
                    background-color: green;
            }
    </style>
    </head>
    <body>
        <div id="outer">
            <div id="top">
                    <div class="point bg-red"></div>
                    <div class="point bg-blue"></div>
                    <div class="point bg-green"></div>
    </div>
    <div id="result"></div>
    <div id="button">
        <div>AC</div>
        <div>+/-</div>
        <div>%</div>
```

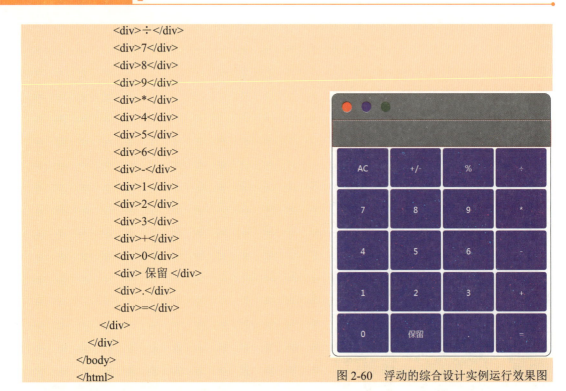

```
            <div>÷</div>
            <div>7</div>
            <div>8</div>
            <div>9</div>
            <div>*</div>
            <div>4</div>
            <div>5</div>
            <div>6</div>
            <div>-</div>
            <div>1</div>
            <div>2</div>
            <div>3</div>
            <div>+</div>
            <div>0</div>
            <div> 保留 </div>
            <div>.</div>
            <div>=</div>
        </div>
      </div>
    </body>
  </html>
```

图 2-60   浮动的综合设计实例运行效果图

程序运行效果如图 2-60 所示。

从图 2-60 所示的运行效果图可以看出，整个计算器可用一个 div 元素包裹，里面分为三大部分：上面顶部标识区域、中间结果区域、下部按钮区域。这些按钮都使用了向左浮动，根据包裹 <div> 元素的宽度、高度设计每个按钮元素的宽度、高度。

课后习题

一、1+X 知识点自我测试

1. CSS 样式表根据所在网页的位置可分为 (   )。

A. 行内样式表、内嵌样式表、混合样式表

B. 行内样式表、内嵌样式表、外部样式表

C. 外部样式表、内嵌样式表、导入样式表

D. 外部样式表、混合样式表、导入样式表

2. 下面代码片段，说法正确的是 (   )。

```
.DIV1 { position:absolute;
line-height:22px;
height:58px;
background-color: #FF0000; }
```

A. Line-height:22px; 修饰文本字体大小

B. position:absolute; 表示绝对定位，被定位的元素位置固定

C. height:58px; 表示被修饰的元素距离别的元素的距离

D. background-color: #FF0000; 表示被修饰的元素的背景图像

3. ID 为 left 的 div 标签，用 CSS 设置 div 的左边为红色实线，下面设置正确的是（　　）。

A. style="border-top: #ff0000 1 solid;"

B. style="border-left: 1, #ff0000 ,solid;"

C. style="border-left: 1 #ff0000 solid;"

D. style="border-right: 1, #ff0000, dashed;"

4. 下列哪条 CSS 样式规则是不正确的（　　）。

A. img { float: left; margin: 20px; }

B. img { float: right; width: 120px;height: 80px; }

C. img { float: right; right: 30; }

D. img { float: left; margin-bottom: 2em; }

5. 下列选项中不属于 CSS 文本属性的是（　　）。

A. font-size　　　　　　　　　　B. text-transform

C. text-align　　　　　　　　　　D. line-height

二、案例演练：在线计算器页面布局

【设计说明】结合第 1 章完成的计算器的布局，对计算器完成基于 <div>+CSS 的布局改造。界面利用盒模型来实现九宫格布局，先设置一个父容器来实现总体上对计算器的布局设计，再自上而下来对计算器里面的元素进行布局。基本需要描述如下：

(1) 全部使用 div 标签完成，不得使用任何其他标签；

(2) 三个小圆点也使用 div 完成，利用 div 圆角属性完成圆形设计；

(3) 结果框为黑色边框加白色背景，计算器四周为圆角。

演示效果如图 2-61 所示。

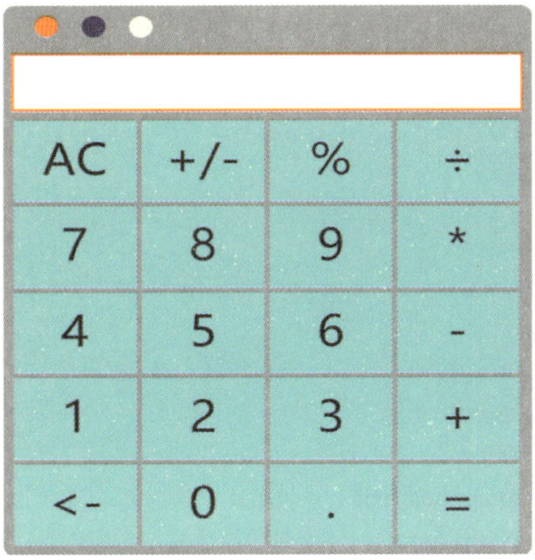

图 2-61　计算器效果图

第 3 章　CSS3 的多彩渲染

CSS3 能够实现 HTML 元素的移动、缩放、旋转等功能，通过层叠样式表的多种属性改变，还能够渲染出多姿多彩的页面效果，提供生动形象的用户体验。理解 CSS3 对于制作响应式布局的跨平台 Web 应用有很大帮助。本章主要介绍使用 CSS3 进行多彩渲染的内容，如变形、动画、响应式布局等。

3.1　变　　形

CSS3 中的属性可以改变网页元素的形状、角度，进而制作出绚丽多彩的页面效果，增加用户体验。变形包括旋转、扭曲、缩放、平移、变形矩阵、变形原点等。

3.1.1　旋转

元素的旋转是指在保持元素形状不变的前提下，绕着某个中心点旋转一定角度。旋转通过设置 rotate( ) 函数来实现。rotate( ) 函数根据指定的角度参数进行，使元素相对原点进行旋转。角度参数指定页面元素的旋转的角度，若该数值为正值，则元素相对原点中心顺时针旋转；若该数值为负值，则元素相对原点中心逆时针旋转。

【例 3-1】　旋转设计实例。

```html
<!DOCTYPE html>
<html>
    <head>
        <meta charset="utf-8">
        <title></title>
        <style>
            .wrapper {
            width: 200px;
            height: 200px;
            border: 1px dotted red;
            margin: 100px auto;
        }

            .wrapper div {
            width: 200px;
            height: 200px;
            background: orange;
```

```
            transform: rotate(45deg);
        }
    </style>
</head>
<body>
    <div class="wrapper">
    <div></div>
    </div>
</body>
```

图 3-1 例 3-1 的运行效果图

程序运行效果如图 3-1 所示。

3.1.2 扭曲

扭曲是将一个元素以其中心位置为原点围绕着 X 轴和 Y 轴按照一定的角度倾斜变形，实现函数为 skew( )。skew( ) 函数与 rotate( ) 函数的旋转不同，rotate( ) 函数只是旋转，而不会改变元素的形状，而 skew( ) 函数不会旋转，只会改变元素的形状。

(1) 如图 3-2 所示，skew(x,y) 使元素在水平和垂直方向同时扭曲 (X 轴和 Y 轴同时按一定的角度值进行扭曲变形)。第一个参数 30° 对应 X 轴的倾斜角，第二个参数 10° 对应 Y 轴。如果第二个参数未提供，则值为 0，也就是 Y 轴方向上无斜切。

(2) 如图 3-3 所示，skewX(x) 仅使元素在水平方向扭曲变形 (X 轴扭曲变形)。

(3) 如图 3-4 所示，skewY(y) 仅使元素在垂直方向扭曲变形 (Y 轴扭曲变形)。

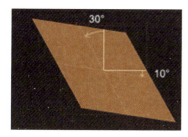 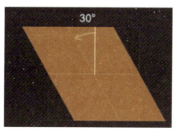 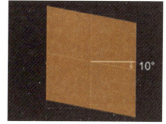

图 3-2 skew(x,y) 示意图　　　图 3-3 skewX(x) 示意图　　　图 3-4 skewY(y) 示意图

【例 3-2】 通过 skew( ) 函数将长方形变成平行四边形的设计实例。

```
<!DOCTYPE html>
<html>
    <head>
        <meta charset="utf-8">
        <title></title>
        <style>
            .wrapper {
                width: 300px;
                height: 100px;
                border: 2px dotted red;
                margin: 30px auto;
            }
            .wrapper div {
                width: 300px;
```

```
                height: 100px;
                line-height: 100px;
                text-align: center;
                color: #fff;
                background: orange;
                transform:skew(45deg);
            }
        </style>
    </head>
        <body>
            <div class="wrapper">
                <div> 我变成平行四边形 </div>
            </div>
        </body>
    </html>
```

图 3-5　例 3-2 运行效果图

程序运行效果如图 3-5 所示。

3.1.3　缩放

缩放是指对元素的尺寸进行缩小或者放大。scale( ) 函数可以将页面元素根据中心点进行缩放操作。scale( ) 函数的默认值为 1，当值设置为 0.01 到 0.99 之间时，其函数效果为缩小效果，若参数赋值为 1.01 以上，则对页面元素进行放大操作。

缩放有以下三种情况：

(1) scale(X,Y) 使元素在水平方向和垂直方向同时缩放 (也就是 X 轴和 Y 轴同时缩放)，例如：

```
div:hover {
  transform: scale(1.5,0.5);
}
```

注意： Y 是一个可选参数，如果没有设置 Y 值，则表示元素沿 X 轴与 Y 轴两个方向的缩放倍数是相同的。

(2) scaleX(x) 使元素仅在水平方向缩放 (X 轴缩放)。

(3) scaleY(y) 使元素仅在垂直方向缩放 (Y 轴缩放)。

【例 3-3】　缩放设计实例。

```
<!DOCTYPE html>
<html>
    <head>
            <meta charset="utf-8">
            <title></title>
            <style>
                    .wrapper {
                      width: 200px;
                      height: 200px;
                      border:2px dashed red;
                      margin: 100px auto;
                    }
```

```
                              .wrapper div {
                                  width: 200px;
                                  height: 200px;
                                  line-height: 200px;
                                  background: orange;
                                  text-align: center;
                                  color: #fff;
                              }
                              .wrapper div:hover {
                                  opacity: .5;
                                  transform: scale(1.5);
                              }
                      </style>
              </head>
              <body>
                      <div class="wrapper">
                      <div> 我将放大 1.5 倍 </div>
                      </div>
              </body>
      </html>
```

图 3-6　例 3-3 运行效果图

程序运行效果如图 3-6 所示。

3.1.4　平移

平移是将元素向指定的方向移动，通过设置 translate( ) 函数完成。平移类似于 position 中的 relative，或简单地理解为，使用 translate( ) 函数可以把元素从原来的位置移动，而不影响在 X、Y 轴上的任何 Web 组件。平移分为以下三种情况：

(1) translateXY(x, y)，表示水平方向和垂直方向同时移动 (也就是 X 轴和 Y 轴同时移动)。

(2) translateX(x)，表示仅水平方向移动 (X 轴移动)。

(3) translateY(y)，表示仅垂直方向移动 (Y 轴移动)。

【例 3-4】　平移设计实例。

```
      <!DOCTYPE html>
      <html>
              <head>
                      <meta charset="utf-8">
                      <title>
                              <style>
                                      .wrapper {
                                          width: 200px;
                                          height: 200px;
                                          border: 2px dotted red;
                                          margin: 20px auto;
                                      }
                                      .wrapper div {
```

```
                                        width: 200px;
                                        height: 200px;
                                        line-height: 200px;
                                        text-align: center;
                                        background: orange;
                                        color: #fff;
                                        transform: translate(50px,100px);
                                    }
                        </style>
                </title>
        </head>
        <body>
                <div class="wrapper">
                <div> 我向右向下移动 </div>
                </div>
        </body>
</html>
```

图 3-7　例 3-4 运行效果图

程序运行效果如图 3-7 所示。

3.1.5　变形矩阵

元素的变形其实相当于对原有元素图像乘以一个变形矩阵，CSS3 正是通过 matrix( ) 变换矩阵来指定一个 2D 变换，相当于直接对元素应用一个 [a b c d e f] 变换矩阵，就是基于水平方向 (X 轴) 和垂直方向 (Y 轴) 重新定位元素。

下面介绍 matrix( ) 函数中各个属性值的意义：

(1) 元素的水平伸缩量，1 为原始大小；

(2) 纵向扭曲，0 为不变；

(3) 横向扭曲，0 为不变；

(4) 垂直伸缩量，1 为原始大小；

(5) 水平偏移量，0 是初始位置；

(6) 垂直偏移量，0 是初始位置。

【例 3-5】　通过 matrix( ) 函数来模拟 transform 中 translate( ) 位移的效果开发实例。

```
<!DOCTYPE html>
<html>
        <head>
                <meta charset="utf-8">
                <title></title>
                <style>
                        .wrapper {
                          width: 300px;
                          height: 200px;
                          border: 2px dotted red;
                          margin: 40px auto;
                        }
                        .wrapper div {
```

```
                                    width:300px;
                                    height: 200px;
                                    background: orange;
                                    transform: matrix(1,0,0,1,50,50);
                                }
                        </style>
                </head>
                <body>
                        <div class="wrapper">
                        <div></div>
                        </div>
                </body>
        </html>
```

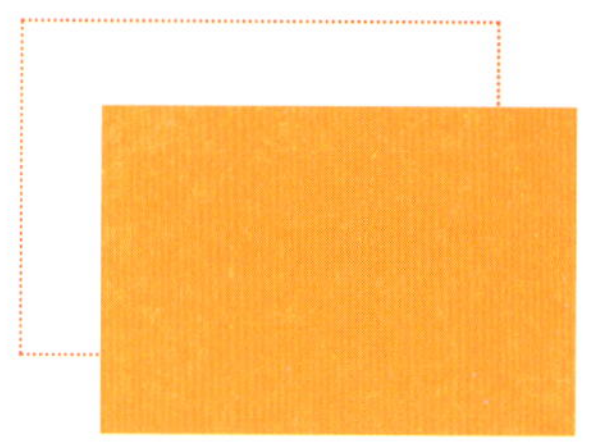

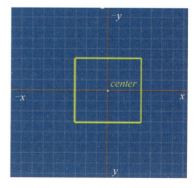

图 3-8　例 3-5 运行效果图

程序运行效果如图 3-8 所示。

3.1.6　变形原点

　　元素的变形必须基于一个变形原点，变形原点就是变形进行的坐标系原点。任何一个元素都有一个中心点，默认情况下，其中心点是居于元素 X 轴和 Y 轴的 50% 处，如图 3-9 所示。

　　在没有重置 transform-origin 改变元素原点位置的情况下，CSS 变形进行的旋转、位移、缩放、扭曲等操作都是以元素本身的中心位置进行变形。但很多时候，我们可以通过 transform-origin 来对元素的原点位置进行改变，使元素原点不在元素的中心位置，以达到需要的原点位置。

图 3-9　变形原点示意图

　　transform-origin 取值和元素设置背景中的 background-position 取值类似，在横向分别有三个值：left、center、right，在纵向也有三个值：top、center、bottom。

　　【例 3-6】　通过 transform-origin 改变元素原点到左上角，然后进行顺时旋转 45° 的设计实例。

```
        <!DOCTYPE html>
        <html>
                <head>
                        <meta charset="utf-8">
                        <title></title>
                        <style>
                                .wrapper {
                                    width: 300px;
                                    height: 300px;
                                    float: left;
                                    margin: 100px;
                                    border: 2px dotted red;
                                    line-height: 300px;
```

```
                                         text-align: center; }
                                .wrapper div {
                                  background: orange;
                                  -webkit-transform: rotate(45deg);
                                  transform: rotate(45deg);
                                }
                                .transform-origin div {
                                  transform-origin: left top;                    }
                        </style>
              </head>
              <body>
                        <div class="wrapper">
                        <div> 原点在默认位置处 </div>
                        </div>
                        <div class="wrapper transform-origin">
                        <div> 原点重置到左上角 </div>
                        </div>
              </body>
      </html>
```

程序运行效果如图 3-10 所示。

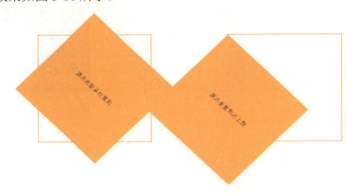

图 3-10　例 3-6 运行效果图

3.2　动　画

使用 CSS3 能够创建动画，这可以在许多网页中取代动画图片、Flash 动画以及 JavaScript 动画。CSS3 的动画分为过渡动画和关键帧动画。

3.2.1　过渡动画

CSS3 过渡动画其含义是使页面元素从一种状态或样式逐渐改变到另一种状态或样式的动画效果。在 CSS3 引入 transition(过渡) 这个概念之前，CSS 是没有时间轴的，也就是说，所有的状态变化都是即时完成，这显得很突兀，引入了过渡动画以后，属性的变化变成了有时间轴的动画。transition 知道开始状态和终止状态后，可以自己推算中间值，在指定的时间内完成 CSS 属性过渡，从而形成了过渡动画。

1．transition-property(过渡属性)

transition-property 属性是描述发生过渡性动画的属性。

语法：transition-property:width|height...|color

该 CSS 属性的取值可以为将要应用过渡动画的任何 CSS 属性值。

```
div{
    transition-property:width;
    transition-property:height;
}
```

上述代码表示给宽度和高度两个属性应用过渡动画，具体运行效果查看例 3-7 综合过渡案例效果。

2．transition-duration(过渡时长)

transition-duration 是描述发生过渡性动画的时长。

语法：transition-property:n s，其中 n 为自然数，默认为 0，时间单位为秒 (s)。

```
div{
    transition-property:width;
    transition-property:height;
    transition-duration:3s;
}
```

上述代码表示宽度、高度两个属性上的动画发生过程时长为 3 s，具体运行效果查看例 3-7 综合过渡案例效果。

3．transition-timing-function(过渡时间函数)

transition-timing-function 是描述发生过渡性动画的时间函数，也即是该属性允许过渡效果随着时间来改变其速度。

语法：transition-timing-function: timing-function，其中 timing-function 为时间函数名，默认为 ease。timing-function 的参数如下所示：

(1) linear：规定以相同速度开始至结束的过渡效果 (等同于 cubic-bezier(0,0,1,1))。

(2) ease：规定慢速开始，然后变快，然后慢速结束的过渡效果 (等同于 cubic-bezier(0.25,0.1,0.25,1))。

(3) ease-in：规定以慢速开始的过渡效果 (等同于 cubic-bezier(0.42,0,1,1))。

(4) ease-out：规定以慢速结束的过渡效果 (等同于 cubic-bezier(0,0,0.58,1))。

(5) ease-in-out：规定以慢速开始和结束的过渡效果 (等同于 cubic-bezier(0.42,0,0.58,1))。

(6) cubic-bezier(n,n,n,n)：在 cubic-bezier 函数中定义自己的值，可能的值是 0 至 1 之间的数值。

```
div{
    transition-property:width;
    transition-property:height;
    transition- duration:3s;
    transition- timing-function：ease-in;
}
```

上述代码表示宽度、高度两个属性上的动画发生过程时长为 3 s，时间函数为 ease-in，具体运行效果查看例 3-7 综合过渡案例效果。

4．transition-delay(过渡延迟)

transition-delay 规定过渡效果何时开始。

语法：transition-property:n s，其中 n 为自然数，默认为 0。时间单位为秒 (s)。

```
div{
    transition-property:width;
    transition-property:height;
    transition- duration:3s;
    transition- delay:3s;
}
```

上述代码表示宽度、高度两个属性上的动画发生过程时长为 3 s，在触发后延迟 3 s 再进行动画。具体运行效果查看例 3-7 综合过渡案例效果。

5．transition 属性

transition 属性是一个用来设置过渡的简写属性，用于在一个属性中设置四个过渡属性。

语法：transition: property duration timing-function delay，其中 property 是应用过渡的 CSS 属性，duration 是过渡完成的时长，timing-function 是时间函数，delay 是延迟。

```
div{
    transition:width 3s ease-in 2s ;
}
```

上述代码是设置对 div 元素的宽度应用过渡效果，效果完成时间是 3 s，使用的时间函数是 ease-in，在触发后 2 s 开始执行过渡。

6．transition 的案例

1) 经过鼠标触发的多属性过渡动画

经常可以见到很多 Web 程序中，当鼠标移至某个元素时，该元素的多个属性会发生变化，如放大、变色、旋转等。

【例 3-7】 放大、变色、旋转设计实例。

```
<!DOCTYPE html>
<html lang="en">
<head>
    <meta charset="UTF-8">
    <title>CSS3 过渡 </title>
    <style>
.border-radius{
        width: 40px;
        height: 40px;
        color: raga(255,255,255,0);
        border: 70px solid #ff6e9b;
        transition: all 3s ease 0s;
    }
        .border-radius:hover {
```

```
                    width: 55px;
                    height:55px;
                    border: 70px solid #ff6e9b;
                    border-radius: 100px ;
                    transform:rotate(360deg);
                    font-size: 20px;
                    color: blue;   }
              </style>
    </head>
    <body>
        <div class="border-radius"> 过渡效果 </div>
    </body>
    </html>
```

例 3-7 首先打开页面时效果如图 3-11 所示。当鼠标停在方环中时，页面将变成如图 3-12 所示效果。

图 3-11　过渡动画执行前效果　　　图 3-12　过渡动画执行后效果

由此可以看出，所有设置的 CSS 属性都发生了变化。

2）由 JavaScritpt 触发的多个属性的过渡

有时我们在 Web 应用中可以看到只要点击某个元素，则该元素会发生一些属性变化，整个过程就构成一个过渡动画，这种效果一般是通过 JavaScript 的事件进行触发的。

【例 3-8】　用 JavaScript 触发多个属性的过渡设计实例。

```
    <!DOCTYPE html>
    <html>
    <head>
        <title></title>
        <meta charset="utf-8">
        <style type="text/css">
            body{  position: relative; }
            #box{
                /* 如果动画的元素是 margin，不能设置 auto*/
                height: 100px;
                width: 100px;
        background-color: pink;
        position: absolute;
        top: 20px;
        transition: margin-left 3s,background-color 3s,border-radius 3s,top 3s;
```

```
        }
    </style>
    </head>
    <body>
    <!-- 通过 transition，我们可以在不使用 flash 的情况下，使元素从一种样式变化成另一种样式 -->
    <div id="box"></div>
    <div id="box1"></div>
    <script type="text/javascript">
      box.onclick = function(){
        this.style.marginLeft = "600px";
        this.style.backgroundColor = "red";
        this.style.borderRadius = "50px";
        this.style.top = "100px";
      }
    </script>
    </body>
    </html>
```

图 3-13 例 3-8 的开始运行效果   图 3-14 点击后运行效果

例 3-8 首先的运行效果如图 3-13 所示，经过点击之后，元素开始运动，经过 3 s，元素运动到浏览器中部 (由 this.style.marginLeft = "600px"; 和 this.style.top = "100px"; 设定)，形状变成了图 3-14 所示效果。

注意：transition 的优点在于简单易用，但是它有以下几个很大的局限。

(1) transition 需要事件触发，所以没法在网页加载时自动发生。

(2) transition 是一次性的，不能重复发生，除非一再触发。

(3) transition 只能定义开始状态和结束状态，不能定义中间状态，也就是说只有两个状态。

3.2.2 节的 CSS animation 就是为了解决这些问题而提出的。

3.2.2 关键帧动画

关键帧动画就是给需要动画效果的属性准备一组与时间相关的值。这些值都是在动画序列中比较关键的帧中提取出来的，而其他时间帧中的值，可以用这些关键值采用特定的插值方法计算得到，从而达到比较流畅的动画效果。

1. 关键帧动画定义

CSS3 关键帧动画使用 animation 属性来设置。为了使用 animation 属性，必须先定义关键帧动画，CSS3 使用 @keyframes 来定义关键帧动画。在 CSS3 中其主要以 "@keyframes" 开头，后面紧跟着是动画名称加上 "{…}"，花括号中就是一些不同时间点的样式规则，也可认为是在关键时间点设定关键帧。CSS 关键帧概念类似于 Flash 中的关键帧概念。

语法：

```
@keyframes 动画名称 {
    0%{
        开始样式集；
```

```
        }
    ...
    n%{
    中间样式集 n;}
    ...
    100%{
        最终样式集;
    }
}
```

@keyframes 中的样式规则可以由多个百分比构成，如在"0%"到"100%"之间创建多个百分比，分别给每个百分比中需要有动画效果的元素加上不同的样式，从而达到不断变化的效果。在 @keyframes 中定义动画名称时，其中 0% 和 100% 还可以使用关键词 from 和 to 来代表，其中 0% 对应的是 from，100% 对应的是 to。

通过 @keyframes 声明一个名叫"wobble"的动画，从"0%"开始到"100%"结束，同时还经历了"40%"和"60%"两个过程。"wobble"动画在"0%"时元素定位到 left 为 100 px，背景色为 green，然后在"40%"时元素过渡到 left 为 150 px，背景色为 orange，接着在"60%"时元素过渡到 left 为 75 px，背景色为 blue，最后"100%"时结束动画，元素又回到起点 left 为 100 px 处，背景色变为 red。代码如下，具体运行效果见例 3-9 的关键帧动画综合实例。

```
@keyframes wobble
{
    0%   {top:0px; background:red; width:100px;}
    40%  {top:50px; background:green; width:150px; box-shadow:10px 10px;}
    100% {top:200px; background:yellow; width:300px; box-shadow:20px 20px;}
}
```

2．CSS3 关键帧动画调用

CSS3 通过 animation 属性调用动画以及设置动画的各个属性。与 transition 相同，animation 有以下子属性。

animation-name 属性指定要调用的动画 (由 keyframes 设置)，不区分大小写，必须与 keyframes 定义的动画名完全相同；animation-duration 属性指定动画执行的时间，注意是一次动画完成的时间；animation-delay 属性指定动画开始的延时；animation-timing-function 属性指定动画运行的效果。上述这些子属性和 transition 中的相应子属性一样，这里不再赘述，例如：

```
div:hover{
    animation-name: wobble;
    animation-duration:5s;
    animation-timing-function：ease;
    animation-delay: 2s;}
```

动画的基本属性内容如下：

1) 动画播放的次数

animation-iteration-count 指定动画播放的次数。

语法：

animation-iteration-count: 正整数 |infinite, 其中为正整数时表示设定的动画具体运行次数，如果为 infinite 时则表示无限多次，其默认值为 1，例如：

```
div:hover{
    animation-name: wobble;
    animation-duration:5s;
    animation-timing-function:ease;
    animation-delay:2s;
    animation-iteration-count:3;
}
```

2）动画播放方向

animation-direction 属性主要用来设置动画播放方向。

语法：

animation-direction:normal | alternate| reverse，其中 normal 是默认值，如果设置为 normal 时，动画的每次循环都是向前播放；为 alternate 时，动画播放在第偶数次向后播放，第奇数次向前播放；为 reverse 时，则是倒过来播放。例如：

```
div:hover{
    animation-name: wobble;
    animation-duration:5s;
    animation-timing-function:ease;
    animation-delay:2s;
    animation-iteration-count:3;
    animation-direction: alternate;
}
```

3）动画开始之前和结束之后发生的操作

animation-fill-mode 属性定义在动画开始之前和结束之后发生的操作。

语法：

animation-fill-mode: none|forwards|backwords|both，其四个属性值对应效果如下：

none: 默认值，表示动画将按预期进行和结束，在动画完成其最后一帧时，动画会反转到初始帧处；forwards: 表示动画在结束后继续应用最后的关键帧位置；backwards: 会在向元素应用动画样式时迅速应用动画的初始帧；both: 元素动画同时具有 forwards 和 backwards 效果。例如：

```
div:hover{
    animation-name: wobble;
    animation-duration:5s;
    animation-timing-function:ease;
    animation-delay:2s;
    animation-iteration-count:3;
    animation-direction: alternate;
    animation-fill-mode: forwards;
}
```

4) 动画播放状态

animation-play-state 属性规定动画是在运行还是暂停状态。

语法：

animation-play-state: paused|running; 其中 paused 设置动画为暂定，running 设置动画为播放。例如：

```
div:hover{
    animation-play-state: paused;
}
```

5) 动画属性设置

animation 属性和 transition 属性类似，是对动画的简写 , 将动画与元素绑定。

语法：

animation: name duration timing-function delay iteration-count direction;

例如：

```
div:hover{
    animation: wobble 5s ease 2s 3 normal;
}
```

为了演示关键帧动画的用法，给出了例 3-9 和例 3-10。

【例 3-9】　关键帧动画综合实例——CSS 的轮播图设计实例。

设计思路：轮播图是 Web 前端开发中常见的一种技术，即轮流展播图片，鼠标悬停时则停住。本例中定义 div 用来展示图片，同时给参与轮播的图片增加从右到左匀速移动的动画，不同的图片动画开始时间不同，鼠标悬停到某张图片时设置 animation-play-state 为 paused，即把动画暂停下来，代码如下：

```
<!DOCTYPE html>
<html>
    <head>
        <meta charset="utf-8">
        <title></title>
        <style>
            .lunbo{
                width:730px;
                height: 454px;
                margin: 3px auto;
                border: 1px solid green;
                position: relative;
                overflow:hidden;
            }
            .lunbo>img{
                position: absolute;
                top:0px;
                animation: imgmove 6s infinite;
                animation-timing-function: linear;    /*linear: 匀速，ease: 平滑过渡 */
            }
            @keyframes imgmove{
```

```
                    from{transform:translate(0px,0px);}
                    to{transform:translate(-1460px,0px);}
                }
                .lunbo>img:nth-child(1){
                    animation-delay: 0s;
                }
                    .lunbo>img:nth-child(2){
                    animation-delay: 3s;
                }
                    .lunbo>img:nth-child(3){
                    animation-delay: 6s;
                }
                .lunbo:hover>img{
                    animation-play-state: paused;
                }
            </style>
        </head>
        <body>
            <div class="lunbo">
                <img src="../imgs/lunbo/lunbotu01.jpg" style="left:730px;"/>
                <img src="../imgs/lunbo/lunbotu02.jpg" style="left:730px;"/>
                <img src="../imgs/lunbo/lunbotu03.jpg" style="left:730px;"/>
            </div>
        </body>
    </html>
```

程序运行效果如图 3-15 所示。

图 3-15　例 3-9 运行效果图

【例 3-10】　关键帧动画综合实例——赛车游戏界面图设计实例。

设计思路：该案例是设计一个赛车游戏的界面动画。从置于赛道后方摄像机的角度来看赛车场面，看到路边物体在飞速后退。操作步骤：设置摄像机的视角；放置路旁物体，如两排树；使用关键帧动画 from starta to 从远到近移动树。具体代码如下：

```
<!DOCTYPE html>
<html>
    <head>
        <meta charset="utf-8">
            <title></title>
            <style>
                .camara{
```

```
            width: 800px;
            height: 600px;
            border: 1px solid blue;
            margin: 120px auto;
            perspective:900px;                    /* 距离摄像头 900px*/
            perspective-origin: 50% 50%;          /* 没影点位置 */
            transform-style: preserve-3d; /* 下级子元素在 3d 空间中，flat 表示 2d*/
            position: relative;
            overflow: hidden;
        }
        .tree{
            position: absolute;
            animation: starta 5s infinite;
            animation-timing-function: linear;
        }
        .tree1{
            left:-240px;
            top:210px;
        }
        .tree2{
            right:-240px;
            top:210px;
        }
        @keyframes starta{
            from{transform:translateZ(-20000px);}
            to{transform:translateZ(900px;)}
        }
    </style>
</head>
<body>
<div class="camara">
<img class="tree tree1" src="../imgs/saicar/tree.png" style="animation-delay: 0s;">
<img class="tree tree1" src="../imgs/saicar/tree.png" style="animation-delay: 1s;">
<img class="tree tree1" src="../imgs/saicar/tree.png" style="animation-delay: 2s;">
<img class="tree tree1" src="../imgs/saicar/tree.png" style="animation-delay: 3s;">
<img class="tree tree1" src="../imgs/saicar/tree.png" style="animation-delay: 4s;">
<img class="tree tree2" src="../imgs/saicar/tree.png" style="animation-delay: 0s;">
<img class="tree tree2" src="../imgs/saicar/tree.png" style="animation-delay: 1s;">
<img class="tree tree2" src="../imgs/saicar/tree.png" style="animation-delay: 2s;">
<img class="tree tree2" src="../imgs/saicar/tree.png" style="animation-delay: 3s;">
<img class="tree tree2" src="../imgs/saicar/tree.png" style="animation-delay: 4s;">
<img src="../imgs/saicar/car.png"  style="position: absolute;left:35%;top:450px;"/>
</div>
</body>
</html>
```

程序运行效果截屏图如图 3-16 所示。

图 3-16 例 3-10 运行效果图

3.3 响应式布局

响应式布局是 Ethan Marcotte 在 2010 年 5 月份提出的一个概念,简而言之,就是一个网站能够兼容多个终端,而不是为每个终端做一个特定的版本。这个概念是为解决移动互联网浏览而诞生的。响应式布局可以为不同终端的用户提供更加舒适的界面和更好的用户体验,而且随着大屏幕移动设备的普及,响应式布局是大势所趋。CSS3 中响应式布局的技术主要有百分比布局、媒体查询布局、弹性盒布局等。

3.3.1 百分比布局

在最初的固定布局中,设定元素宽度和高度的长度单位是 px,这样的页面布局十分呆板,而且如果显示设备宽高比和设计时所用设备宽高比不一致,则会导致页面元素出现显示不全的问题。

【例 3-11】 长度单位设计为 px 的实例。

```
<!DOCTYPE html>
<html lang="en">
<head>
    <meta charset="utf-8">
    <title> 固定布局 </title>
    <style type="text/css">
        body>*{ width:980px; height:auto; margin:0 auto; margin-top:10px;
            border:1px solid #000; padding:5px;}
        header{ height:50px;}
        section{ height:300px;}
        footer{ height:30px;}
        section>*{ height:100%; border:1px solid #000; float:left;}
        aside{ width:250px;}
        article{ width:700px; margin-left:10px;}
    </style>
</head>
<body>
    <header> 头 </header>
```

```
        <nav> 导航 </nav>
        <section>
            <aside> 侧边栏 </aside>
            <article> 文章 </article>
        </section>
        <footer> 页脚 </footer>
    </body>
</html>
```

设计者的理想效果如图 3-17 所示。

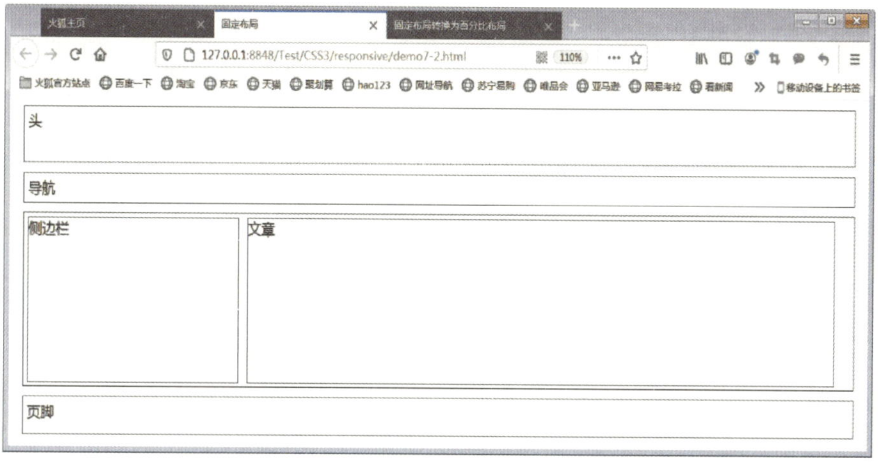

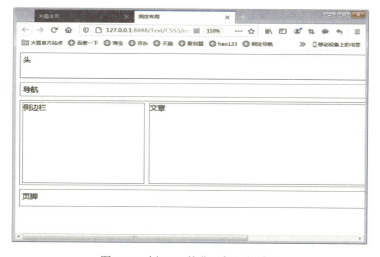

图 3-17　例 3-11 的理想运行效果

而当显示设备的宽高比和设计者不一致时，则可能出现如图 3-18 所示的状态。

图 3-18　例 3-11 的非理想运行效果

根据图 3-17 和图 3-18 的效果显示，长度单位使用 px 进行布局的页面，会出现效果页面死板，两边和下边出现空白区域或者显示不出来的情况。

百分比布局是为了克服固定布局的缺陷而提出的，百分比布局中设定元素的宽度和高度时使用其父元素的百分比。百分比值定义如下：

(1) 高度百分比 = 元素高度 / 父元素高度 *100%；

(2) 宽度百分比 = 元素宽度 / 父元素宽度 *100%。

【例 3-12】 对例 3-11 进行修改，使用了百分比进行布局的实例，代码如下：

```
<!DOCTYPE html>
<html lang="en">
<head>
    <meta charset="utf-8">
    <title> 固定布局转换为百分比布局 </title>
    <style type="text/css">
        html{
        height: 100%;
        width: 100%;}
        body{
        height: 100%;
        width: 100%;}
        body>*{
        width:100%;
          margin:0 auto;
          margin-top:10px;
        border:1px solid #000;
          padding:0;}
        header{ height:18%;}
        section{ height:64%;}
        footer{ height:18%;}
        section>*{ height:100%; border:1px solid #000; float:left;}
        aside{ width:25%;}
        article{ width:74%; margin:0;}
    ul{width: 100%;
       list-style-type:none;
       margin:0;
       padding:0;
       overflow:hidden;
    }
    li{
       width: 10%;
       float:left;
    }
    </style>
</head>
<body>
<header> 头 </header>
<nav>
</nav>
<section>
    <aside> 侧边栏 </aside>
    <article> 文章 </article>
</section>
```

```
        <footer> 页脚 </footer>
    </body>
</html>
```

程序运行效果如图 3-19 所示。

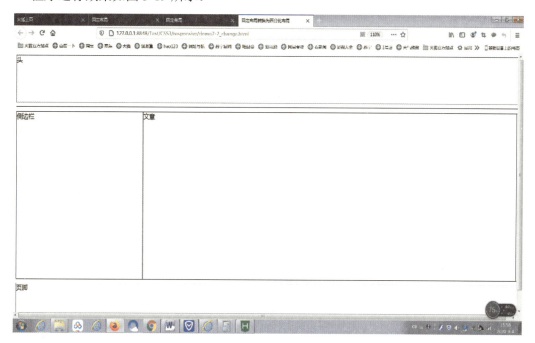

图 3-19　例 3-11 运行效果图

使用百分比布局时，即便使用者设备宽高比和设计者宽高比不一致，内容都会显示出来，但会出现一个新的问题——元素形变问题，即元素会变得和设计者设计时的比例不一致，从而导致不美观。

3.3.2　媒体查询布局

提到响应式布局，就不得不提起 CSS3 中的 Media Query(媒体查询)。媒体查询可以让我们根据设备显示器的特性 (如视口宽度、屏幕比例、设备方向：横向或纵向) 为其设定页面元素样式。媒体查询由媒体类型和一个或多个检测媒体特性的条件表达式组成。媒体查询中可用于检测的媒体特性有 width、height 和 color 等。使用媒体查询时，可以在不改变页面内容的情况下，为特定的一些输出设备订制显示效果。

1. 视口适配设置

为了使用媒体查询，必须在页面添加 <meta> 标签，允许页面根据视口大小进行缩放。语法：

```
<metaname="viewport"content="width=device-width,initial-scale=1,minimum-scale=1,maximum-scale=1,user-scalable=no" />
```

其中参数：

(1) width=device-width：宽度等于当前设备的宽度；

(2) initial-scale=1：初始的缩放比例，可以设置为大于或者小于 1 的数据，默认为 1；

(3) minimum-scale=1：允许用户缩放到的最小比例，可以设置为小于 1 的数据，默认为 1；

(4) maximum-scale=1：允许用户缩放到的最大比例，可以设置为大于 1 的数据，默认为 1；

(5) user-scalable=no：用户是否可以手动缩放 (默认为 no)。

2. 媒体查询

使用媒体查询 (@media)，可以针对不同的屏幕大小、宽高比等定义不同的样式，特别是当我们需要设置响应式的页面时，媒体查询是非常有用的。在重置浏览器大小的过程中，页面也会根据浏览器的宽度和高度重新渲染页面，这对调试提供了极大的便利。

语法：

```
@media mediaType and|not|only(media feature){
    /*CSS-Code;*/
}
```

其中，mediaType 类型有很多，下面只列举出了常用的几个。

(1) all：用于所有设备；

(2) print：用于打印机和打印预览；

(3) screen：用于电脑屏幕、平板电脑、智能手机等 (最常用)。

Media feature 也有很多，下面列出一些常用的：

(1) width：浏览器可视宽度；

(2) height：浏览器可视高度；

(3) device-width：设备屏幕的宽度；

(4) device-height：设备屏幕的高度；

(5) orientation：检测设备目前处于横向还是纵向状态；

(6) aspect-ratio：检测浏览器可视宽度和高度的比例 (例如：aspect-ratio:16/9)；

(7) device-aspect-ratio：检测设备的宽度和高度的比例；

(8) color：检测颜色的位数 (例如：min-color:32 就会检测设备是否拥有 32 位颜色)。

1) 媒体查询，当屏幕尺寸小于 960 px 时的代码

```
@media screen and (max-device-width:960px){
    body{
        background:red;
    }
}
```

2) 媒体查询，当屏幕尺寸大于 960 px 时的代码

```
@media screen and (min-width:960px){
    body{
        background:orange;
    }
}
```

3) 媒体查询，当屏幕尺寸介于 960 px 和 1200 px 之间时的代码

```
@media screen and (min-width:960px) and (max-width:1200px){
    body{
        background:yellow;
    }
}
```

为了演示媒体查询，设计了例 3-13。

【例 3-13】　媒体查询设计实例。

案例需求：制作一个根据移动端响应式汉堡菜单，在 PC 端的显示效果如图 3-20 所示，在手机端的显示效果如图 3-21 所示。

设计思想：

(1) 使用媒体查询客户端屏幕尺寸时，如果客户端是手机端则显示手机端的 CSS 样式，出现汉堡，默认显示 PC 端样式，不出现汉堡；

(2) 使用一个复选框来控制是否显示菜单，选中时出现菜单，不选中时不出现菜单。

具体代码如下所示：

```
<!DOCTYPE html>
<html>
    <head>
        <meta charset="utf-8">
        <meta name="viewport" content="width=device-width, initial-scale=1.0"/>
        <title></title>
<style>
    body{   width: 100%;
             height: 100%;
             margin:0; // 浏览器默认的 body 的 margin 是 8 px; 由浏览器的 user-agent-stylesheet
提供，所以我们直接覆盖默认就可以了。
    }
    html{
             font-family:'helvetica neue', sans-serif; // 可以写很多种字体样式，意思是浏览器自己
一个个识别，前一个没有就看后一个，一直往后找，直到找到可以用的。
    }
    .nav{
        float: right;
        text-align: right;
        height: 70px;
        line-height: 70px;
        border-bottom: 1px solid #eaeaea;
    }
    label{
        display: none;
    }
    #toggle{
        display:none;
    }
```

```css
.menu a{
    margin: 0 10px;
    text-decoration: none;
    color: gray;
}
.menu{
    margin: 0 30px 0 0;
}
.menu a span{
    color:#54d17a;
}
@media only screen and (max-width: 500px) {
    label{
        display: block;
        cursor: pointer;
        width: 26px;
        float: right;
    }
.menu{
    width: 100%;
    display: none;
    text-align: center;
}
.menu a{
    display: block;
    clear:right;
}
#toggle:checked + .menu{  // 这是个技术点，点击了汉堡标志，则显示菜单。
    transition:all 0.4s ease-in;
    display: block;
}
}
</style>
        </head>
        <body>
            <div class="nav">
            <!-- 汉堡 logo menu-->
            <label for="toggle">&#9776;</label>
            <input type="checkbox" id="toggle">
            <div class="menu">
                <a href="#">Business</a>
                <a href="#">Service</a>
                <a href="#">Learn more</a>
                <a href="#"><span>Free Trial</span></a>
            </div></div>
        </body>
</html>
```

程序运行效果：本程序设计了一个根据移动端响应式汉堡菜单，在 PC 端效果如图 3-20 所示，在手机端效果如图 3-21 所示。

图 3-20　PC 端效果图

图 3-21　手机端效果图

3.3.3　弹性盒布局

随着响应式用户界面的流行，Web 应用一般都要求适配不同的设备尺寸和浏览器分辨率。响应式用户界面设计中最重要的一环就是布局，需要根据窗口尺寸来调整布局，从而改变组件的尺寸和位置，以达到最佳的显示效果。随着终端尺寸增多，如果只是使用媒体查询技术，这将使得布局的逻辑变得非常复杂。CSS3 规范中引入了新布局模型：弹性盒模型 (flex box)。弹性盒模型可以用简单的方式满足很多常见的复杂的布局需求。它的优势在于开发人员只需要声明布局应该具有的行为，而不需要给出具体的实现方式，浏览器就会负责完成实际的布局。该布局模型在主流浏览器中都得到了支持。

1．弹性盒布局基本概念

引入弹性盒布局模型的目的是提供一种更加有效的方式来对一个容器中的条目进行排列、对齐和分配空白空间。即便容器中条目的尺寸未知或是动态变化的，弹性盒布局模型也能正常的工作。在该布局模型中，容器会根据布局的需要，调整其中包含的条目的尺寸和顺序来最好地填充所有可用的空间。当容器的尺寸由于屏幕大小或窗口尺寸发生变化时，其中包含的条目也会被动态地调整。比如当容器尺寸变大时，其中包含的条目会被拉伸以占满多余的空白空间；当容器尺寸变小时，条目会被缩小以防止超出容器的范围。弹性盒布局是与方向无关的。在传统的布局方式中，block 布局是把块在垂直方向上从上到下依次排列的；而 inline 布局则是在水平方向来排列。弹性盒布局并没有这样内在的方向限制，可以由开发人员自由操作。

在深入了解弹性盒布局模型的细节之前，首先了解几个相关的重要概念，具体如图 3-22 所示。

图 3-22 中最外围的边框表示的是 container，而编号 1 和 2 的边框表示的是容器中的 item。container 指的是采用了弹性盒布局的 DOM 元素，item 指的是容器中包含的子 DOM 元素。弹性盒布局中有两个互相垂直的坐标轴：一个称之为主轴 (main axis)，另外一个称之为交叉轴 (cross axis)。主轴并不固定为水平方向的 X 轴，交叉轴也不固定为竖直方向的 Y 轴。主轴方向是由 flex-direction 来确定的，如果 flex-direction 为 row 或者 row-reverse 则主轴为水平方向，否则为竖直方向。可以根据不同的页面设计要求来确定合适的主轴方向。容

器中的条目可以排列成单行或多行。有些容器中的条目要求从左到右水平排列，则主轴应该是水平方向的；而另外一些容器中的条目要求从上到下垂直排列，则主轴应该是垂直方向的。

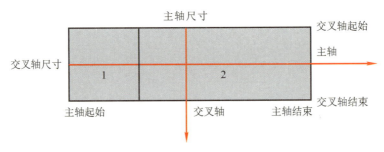

图 3-22　弹性盒布局模型相关概念示意图

2. 容器的属性

容器上一共有 flex-direction、flex-wrap、flex-flow、justify-content、align-items、align-content 等 6 个属性。

1) flex-direction 属性

flex-direction 属性决定主轴的方向 (即项目的排列方向)。

语法：

```
flex-direction: row | row-reverse | column | column-reverse;
```

其中，row(默认值)：主轴为水平方向，起点在左端；row-reverse：主轴为水平方向，起点在右端；column：主轴为垂直方向，起点在上沿；column-reverse：主轴为垂直方向，起点在下沿。

2) flex-wrap 属性

默认情况下，项目都排在一条线 (又称"轴线") 上。flex-wrap 属性定义如果一条轴线排不下时该如何换行。

语法：

```
flex-wrap: nowrap | wrap | wrap-reverse;
```

其中，nowrap(默认)：不换行；wrap：换行，第一行在上方；wrap-reverse：换行，第一行在下方。

3) flex-flow 属性

flex-flow 属性是 flex-direction 属性和 flex-wrap 属性的简写形式，默认值为 row nowrap。

语法：

```
flex-flow: <flex-direction> || <flex-wrap>;
```

4) justify-content 属性

justify-content 属性定义了项目在主轴上的对齐方式。

语法：

```
justify-content: flex-start | flex-end | center | space-between | space-around;
```

其中，flex-start(默认值)：主轴起点对齐 (左对齐或者上对齐)；flex-end：主轴结束对齐 (右对齐或者下对齐)；center：居中；space-between：两端对齐，项目之间的间隔都相等；space-around：每个项目两侧的间隔相等，所以项目之间的间隔比项目与边框的间隔大一倍。

5) align-items 属性

align-items 属性定义项目在交叉轴上如何对齐。

语法：

> align-items: flex-start | flex-end | center | baseline | stretch;

其中，flex-start：交叉轴的起点对齐；flex-end: 交叉轴的终点对齐；center：交叉轴的中点对齐；baseline: 项目的第一行文字的基线对齐；stretch(默认值)：如果项目未设置高度或设为 auto，将占满整个容器的高度。

6) align-content 属性

align-content 属性定义了多根轴线的对齐方式。如果项目只有一根轴线，该属性不起作用。

语法：

> align-content: flex-start | flex-end | center | space-between | space-around | stretch;

其中，flex-start：与交叉轴的起点对齐；flex-end：与交叉轴的终点对齐；center：与交叉轴的中点对齐；space-between：与交叉轴两端对齐，轴线之间的间隔平均分布；space-around：每根轴线两侧的间隔都相等，所以轴线之间的间隔比轴线与边框的间隔大一倍；stretch(默认值)：轴线占满整个交叉轴，所以轴线之间的间隔比轴线与边框的间隔大一倍。

3. 项目的属性

项目一共有 order、flex-grow、flex-shrink、flex-basis、flex、align-self 等 6 个属性。

1) order 属性

order 属性定义项目的排列顺序。数值越小，排列越靠前，默认为 0。

语法：

> order: <integer>;

2) flex-grow 属性

flex-grow 属性定义项目的放大比例，默认为 0，即如果存在剩余空间，也不放大。

语法：

> flex-grow: <number>; /* default 0 */

如果所有项目的 flex-grow 属性都为 1，则它们将等分剩余空间 (如果有的话)。如果一个项目的 flex-grow 属性为 2，其他项目都为 1，则前者占据的剩余空间将比其他项多一倍。

3) flex-shrink 属性

flex-shrink 属性定义了项目的缩小比例，默认为 1，即如果空间不足，该项目将缩小。

语法：

> flex-shrink: <number>; /* default 1 */

如果所有项目的 flex-shrink 属性都为 1，当空间不足时，都将等比例缩小。如果一个项目的 flex-shrink 属性为 0，其他项目都为 1，当空间不足时，前者不缩小。负值对该属性无效。

4）flex-basis 属性

flex-basis 属性定义了在分配多余空间之前项目占据的主轴空间 (main size)。浏览器根据这个属性，计算主轴是否有多余空间，它的默认值为 auto，即项目的本来大小。

语法：

```
flex-basis: <length> | auto; /* default auto */
```

它可以设为跟 width 或 height 属性一样的值（比如 350px），表示项目将占据固定空间。

5）flex 属性

flex 属性是 flex-grow、flex-shrink 和 flex-basis 的简写，默认值为 0 1 auto，后两个属性可选。

语法：

```
flex: none | [ <'flex-grow'><'flex-shrink'>? || <'flex-basis'> ]
```

该属性有两个快捷值：auto (1 1 auto) 和 none (0 0 auto)。如果只写一个值，则为 flex-grow 的值，很多项目中主要用该属性来设置各项目占空间的份数。

6）align-self 属性

align-self 属性允许单个项目有与其他项目不一样的对齐方式，可覆盖 align-items 属性。它的默认值为 auto，表示继承父元素的 align-items 属性，如果没有父元素，则等同于 stretch。

语法：

```
align-self: auto | flex-start | flex-end | center | baseline | stretch;
```

该属性可能取 6 个值，除了 auto，其他都与 align-items 属性完全一致。

4．弹性布局的案例

【例 3-14】 弹性布局设计实例。

需求分析：常见的 PC 端圣杯布局和移动端页面布局的切换用 flex 来完成比较简单。

设计思路：

(1) 在 PC 端进行圣杯布局时，用一个顶层容器把页面分为三行，故设置 flex-direction: column，三行分别为：头部、内容、脚部；然后把内容部分分为三列，故设置 flex-direction: row，分别为导航列、内容列、广告列。

(2) 由于手机端布局较小，不能采用圣杯布局，故对其做了媒体查询，查到屏幕尺寸小于 450 像素时，采用行式布局。圣杯布局代码如下所示：

```
<!DOCTYPE html>
<html>
    <head>
        <meta charset="GBK">
        <meta name="viewport" content="user-scalable=no, width=device-width,initial-scale=1.0,
maximum-scale=1.0">
```

```
<title></title>
<style>
    html{
        height: 100%;
        width:100%;
    }
    body{
        height: 100%;
        width:100%;
    }
    .box{
        width:100%;
        height:100%;
        border: 1px solid red;
        display: flex;
        flex-direction: column;
            }
    .row{
        display: flex;
        border: 1px blue solid;
            }
        .header{
                flex: 1;
            }
        .content{
                flex-direction: row;
                flex:4;
            }
        .footer{
                flex: 1;
                }
        .item {
                border:1px solid gray;
                }
        .nav{
            flex:1;
        }
        .con{
            flex:3;
        }
        .ads{
            flex:1;
        }
@media all and (max-width: 450px) {/* 当屏幕小于 640px 时 */
    .content {
        flex-direction: column; /* 弹性盒中的子元素按纵轴方向排列 */
    }
```

```
            }
                </style>
            </head>
        <body>
    <div class="box">
            <div class="row header"> 这是头部区域 </div>
    <div class="row content">
    <div class="item nav"> 这是导航区域 </div>
            <div class="item con"> 这是内容区域 </div>
    <div class="item ads"> 这是广告 </div>
        </div>
    <div class="row footer"> 这是底部区域 </div>
        </div>
        </body>
    </html>
```

图 3-23 和图 3-24 是例 3-14 分别在 PC 端和移动端的效果。

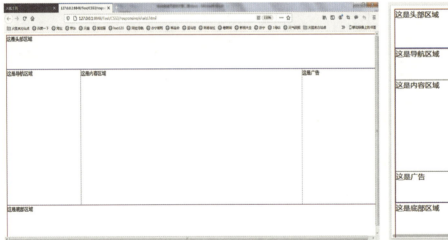

图 3-23　例 3-14 在 PC 端的效果

图 3-24　例 3-14 在移动端的效果

课 后 习 题

一、1+X 知识点自我测试

1. 以下关于 CSS3 动画说法正确的是 (　　)。

A. CSS3 动画都是帧动画　　　　B. CSS3 动画类型有三种

C. CSS3 动画是不可以交互的　　D. CSS3 动画通过 webkit-key-frame 来预先定义

2. 在 @keyframe 中创建动画时，请将其绑定到选择器，否则动画将无效。通过至少指定以下哪几个 CSS3 动画属性，可将动画绑定到选择器 (　　)。

A. 指定动画的名称　　　　　　　B. 指定动画路径

C. 指定动画的持续时间　　　　　D. 指定动画目的地

3. 以下哪个选项不是 display 的值？（　　）

A. inline B. block C. none D. null

4. CSS3 过渡如何在给定的时间内平稳地更改属性值（从一个值更改为另一个值）？
（　　）

A. div {

　　　-webkit-transition: width 2s, height 4s; /* Safari */

　　　transition: width 2s, height 4s;

　　}

B. div {

　　　-webkit-transform: width 2s, height 4s; /* Safari */

　　　 transform: width 2s, height 4s;

　　}

5. 与基于脚本的动画技术相比，使用 CSS3 动画的优势有哪些？（　　）

A. 易于使用，任何人都可以在不了解 JavaScript 的情况下创建它们

B. 即使在合理的系统负载下也能很好地执行

C. 由于简单的动画在 JavaScript 中的效果很差，因此渲染引擎使用跳帧技术来使动画
流畅进行

D. 允许浏览器控制动画序列，通过减少在当前不可见的选项卡中执行的动画的更新
频率来优化性能和效率

二、案例演练：立方体移动效果

【设计说明】首先利用 HTML5 标签和 CSS3 基础布局设计一个平面图，然后通过使用
CSS3 的 transform 属性、精准的位移和三角形计算来实现一个视觉上呈现 3D 图像效果的
立方体。基本需要描述如下：

基于立方体实现一个动画效果，使用 animation 完成由三个分散在各处的 DIV 动态组
合为立方体的动画过程。组合完成后，将 animation-fill-mode 设置为 forwards 来保持这个
立方体的组合状态。

演示效果如图 3-25 所示。

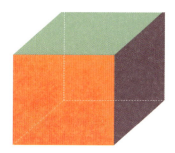

图 3-25　立方体移动效果图

第 三 部 分

JavaScript 技术

第 4 章　JavaScript 基础知识

　　网页技术中的 HTML5 和 CSS3 共同实现了页面形式的设计，但若要使页面能和用户交互则离不开脚本语言。脚本是批处理文件的延伸，是一种以纯文本方式保存的程序。计算机脚本程序通常是确定的一系列控制计算机进行运算操作动作的组合，可以实现一定的逻辑分支。本章主要介绍 JavaScript 的基础知识。

4.1　认识 JavaScript

　　JavaScript 是一种基于对象和事件驱动并具有相对安全性的客户端脚本语言，同时也是一种广泛应用于客户端 Web 开发的脚本语言。JavaScript 因为其结构简单与语法精炼的特点，所以常用于实现 HTML 网页方面的动态功能。

1. JavaScript 的特点

　　由于 JavaScript 是运行在客户端的，因此其安全性是程序员最担忧的问题，尽管如此，JavaScript 仍然以其跨平台、容易上手等优势大行其道。

　　JavaScript 是世界上最流行的编程语言，其优点如下：

　　(1) JavaScript 属于 Web 语言，适用于服务器、PC、笔记本电脑、平板电脑和智能手机等设备；

　　(2) JavaScript 是一种轻量级的编程语言；

　　(3) JavaScript 是可插入 HTML 页面的编程代码，可由所有的现代浏览器执行；

　　(4) JavaScript 容易学习，几乎每个人都能将小的 JavaScript 片段添加到网页中；

　　(5) 客户端脚本在客户端执行，减轻了服务器的负担。

　　JavaScript 是一种脚本语言，其源代码在发往客户端运行之前不需要经过编译，而是将文本格式的字符代码发送给浏览器，由浏览器解释执行，这样的语言称为解释语言。

JavaScript 也有其弱点：

(1) 代码下载至客户端，安全性较差；

(2) 如果一条 JavaScript 语句运行不了，那么其后续的语句也无法执行；

(3) 每次重新加载都会重新解释，速度较慢。

2. JavaScript 的语句及类型

JavaScript 是一种程序语言，有着自己的变量、数据类型、语句、函数和对象。JavaScript 程序是由若干语句组成的，语句是编写程序的指令。

JavaScript 提供完整的基本编程语句，它们是赋值语句、switch 选择语句、while 循环语句、for 循环语句、foreach 循环语句、do-while 循环语句、break 循环种植语句、continue 循环终端语句、with 语句、try-catch 语句、if 语句 (if-else、if-else-if)。

JavaScript 虽然是弱类型的程序设计语句，但其内置的对象能够处理不同类型的数据，其常见的数据类型有对象、数组、布尔值、空值。JavaScript 可使用的数据处理有字符串处理、日期处理、数组处理、逻辑处理、算术处理等。

程序设计语言中通常都涉及运算符，JavaScript 中的运算符与其他程序设计语言一样，有算术运算符、比较运算符、字符串运算符、逻辑运算符和三目运算符。

4.2　引入 JavaScript 的方法

JavaScript 语句运行在客户端，需要嵌入在 HTML 中借助浏览器来执行。JavaScript 可以以语句的形式直接嵌入 HTML 内容，也可以在 HTML 中引用外部的 JavaScript 文件。HTML 中的脚本必须位于 <script></script> 标签对之间。脚本可被放置在 HTML 页面的 <body> 和 <head> 部分中。

如需在 HTML 页面中插入 JavaScript，可使用 <script> 标签。<script> 和 </script> 会告诉 JavaScript 在何处开始和结束。<script> 和 </script> 之间的代码行包含了 JavaScript，例如：

```
<script>
alert(" 我的第一个 JavaScript");
</script>
```

目前我们无需理解上面的代码，只需明白，浏览器会解释并执行位于 <script> 和 </script> 之间的 JavaScript 代码。由于 HTML 中的脚本语言不止一种，因此在 HTML 以前的版本中的 <script> 标签使用 type="text/javascript"。type 属性表示该 <script> 标记是 JavaScript 脚本语言。因为 JavaScript 是当前所有浏览器以及 HTML5 中的默认脚本语言，所以当前该 type 属性可以省略。

【例 4-1】 <body> 中的 JavaScript 开发实例。

```
<body>
<p>
JavaScript 能够直接写入 HTML 输出流中：
</p>
<script>
document.write("<h1> 这是一个标题 </h1>");
```

```
document.write("<p> 这是一个段落。</p>");
</script>
<p>
您只能在 HTML 输出流中使用 <strong>document.write</strong>。
如果您在文档已加载后使用它 ( 比如在函数中 )，会覆盖整个文档。
</p>
</body>
```

程序运行效果如图 4-1 所示，在本例中，JavaScript 会在页面加载时向 HTML 的 <body> 写文本。

图 4-1　例 4-1 的运行效果图

上面例子中的 JavaScript 语句会在页面加载时执行。通常，我们需要在某个事件发生时执行代码，比如当用户点击按钮时，如果我们把 JavaScript 代码放入函数中，就可以在事件发生时调用该函数。

通常情况下，我们可以在 HTML 文档中放入不限数量的脚本，脚本可位于 HTML 的 <body> 或 <head> 部分中，或者同时存在于两个部分中，通常的做法是把函数放入 <head> 部分中，或者放在页面底部，这样就可以把它们安置到同一位置，不会干扰页面的内容。

【例 4-2】　<head> 中的 JavaScript 函数开发实例。

```
<script>
function myFunction(){
        document.getElementById("demo").innerHTML=" 我的第一个 JavaScript 函数 ";
}
</script>
</head>
<body>
<h1> 我的 Web 页面 </h1>
<p id="demo"> 一个段落。</p>
<button type="button" onclick="myFunction()"> 点击这里 </button>
</body>
或者在 <body> 中添加 JavaScript 函数
<body>
<h1> 我的 Web 页面 </h1>
<p id="demo"> 一个段落。</p>
<button type="button" onclick="myFunction()"> 点击这里 </button>
<script>
function myFunction(){
document.getElementById("demo").innerHTML=" 我的第一个 JavaScript 函数 ";
```

```
    }
  </script>
  </body>
```

程序运行效果如图 4-2 所示。在本例中，我们把一个 JavaScript 函数放置到 HTML 页面的 <body> 部分，该函数会在点击按钮时被调用。

我的第一个 JavaScript 函数

点击这里

图 4-2　例 4-2 的运行效果图

【例 4-3】　外部的 JavaScript 开发实例。

```
<body>
<h1> 我的 Web 页面 </h1>
<p id="demo"> 一个段落。</p>
<button type="button" onclick="myFunction()"> 点击这里 </button>
<p><b> 注释：</b>myFunction 保存在名为 "myScript.js" 的外部文件中。</p>
<script src="myScript.js"></script>
</body>
```

可以把脚本保存到外部文件中。外部文件通常包含被多个网页使用的代码。外部 JavaScript 文件的文件扩展名是 .js。如需使用外部文件，请在 <script> 标签的 src 属性中设置该 .js 文件，myScript.js 文件代码如下：

```
function myFunction(){
document.getElementById("demo").innerHTML=" 我的第一个 JavaScript 函数 ";
}
```

程序运行效果如图 4-3 所示，与例 4-2 的效果一致。

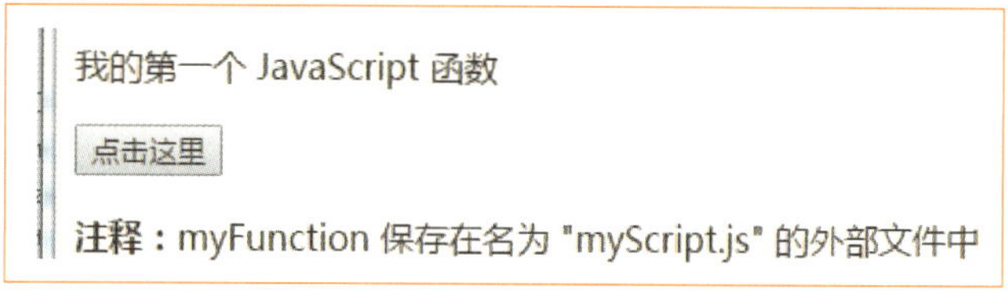

我的第一个 JavaScript 函数

点击这里

注释：myFunction 保存在名为 "myScript.js" 的外部文件中

图 4-3　例 4-3 运行效果图

4.3　JavaScript 语句

程序都是由语句构成的，JavaScript 也是一样。JavaScript 语句是发给浏览器的命令，这些命令的作用是告诉浏览器要做的事情。例如 document.getElementById("demo").innerHTML = " 你好 Dolly"; 是一个输出方法，该语句是一条 JavaScript 输出语句，向 id="demo" 的 HTML 元素输出文本 " 你好 Dolly"。除了 4.1 节介绍的基本语句外，JavaScript 中还有可直接调用的对象和函数，用来实现特定的功能。

4.3.1　JavaScript 语句规则

JavaScript 语句有着自己的规则，如分号、大小写字母、空格和折行等符号的使用规则，具体如下所述。

1．分号

分号用于分隔 JavaScript 语句，通常我们在每条可执行的语句结尾添加分号。使用分号的另一用处是可在一行中编写多条语句。因此分号和换行都可以作为 JavaScript 语句的结束。在 JavaScript 中，用分号来结束语句是可选的，我们也能看到不带分号的案例。

```
a = 5;
b = 6;
c = a + b;
```

以上实例也可以这么写：

```
a = 5; b = 6; c = a + b;
```

2．JavaScript 对大小写字母敏感

JavaScript 对大小写是敏感的，因此在编写 JavaScript 语句时，应留意是否关闭了大小写切换键，例如 getElementById() 与 getElementbyID() 是不同的，变量 myVariable 和 MyVariable 也是不同的。

3．空格

JavaScript 会忽略多余的空格，通常可以向脚本中添加空格来提高其可读性。下面的两行代码是等效的：

```
var person="Hege";
var person =    "Hege";
```

4．对代码行进行折行

我们可以在文本字符串中使用反斜杠对代码行进行换行，代码案例如下所示：

```
document.write(" 你好 \
世界 !");
```

不过，我们不能像下面这样拆行：

```
document.write \
(" 你好世界 !");
```

5．JavaScript 代码块

JavaScript 可以分批组合起来。代码块以左花括号开始，以右花括号结束。代码块的作用是将语句序列进行封装，整块地执行。下面的代码是改变 ID 为"demo"和"myDIV"的元素的 HTML 值：

```
function myFunction()
{document.getElementById("demo").innerHTML=" 你好 Dolly";
document.getElementById("myDIV").innerHTML=" 你最近怎么样 ?"; }
```

6．单引号和双引号

在 JavaScript 中，单引号和双引号没有特殊的区别，都可以用来创建字符串，但是一般情况下 JavaScript 使用单引号。在 JavaScript 中，单引号里面可以有双引号，双引号里面也可以有单引号。特殊情况下 JavaScript 需要使用转义符号"\"，例如用 (\") 表示 ("), 用 (\') 表示 ('), 而在 HTML 中则是用 &quot。

7．JavaScript 语句标识符

JavaScript 语句通常以一个语句标识符开始，并执行该语句。语句标识符是保留关键字，不能作为变量名使用。表 4-1 列出了 JavaScript 语句的标识符（关键字）。

表 4-1　JavaScript 语句标识符

语　句	描　　述
break	用于跳出循环
catch	语句块，在 try 语句块执行出错时执行 catch 语句块
continue	跳过循环中的一个迭代
do ... while	执行一个语句块，在条件语句为 true 时继续执行该语句块
for	在条件语句为 true 时，可以将代码块执行指定的次数
for ... in	用于遍历数组或者对象的属性（对数组或者对象的属性进行循环操作）
function	定义一个函数
if ... else	用于基于不同的条件来执行不同的动作
return	退出函数
switch	用于基于不同的条件来执行不同的动作
throw	抛出（生成）错误
try	实现错误处理，与 catch 一同使用
var	声明一个变量
while	当条件语句为 true 时，执行语句块

提示：JavaScript 是脚本语言，浏览器会在读取代码时，逐行地执行脚本代码。而对于传统编程来说，会在执行前对所有代码进行编译。

4.3.2　JavaScript 输出

JavaScript 没有任何打印或者输出的函数。JavaScript 可以通过不同的方式来输出数据：

(1) 使用 window.alert() 弹出警告框；

(2) 使用 document.write() 方法将内容写到 HTML 文档中；

(3) 使用 innerHTML 将内容写入到 HTML 元素中；

(4) 使用 console.log() 将内容写入到浏览器的控制台。

【例 4-4】　使用 window.alert() 弹出警告框来显示数据的实例。

```
<script>
window.alert(5 + 6);
</script>
```

程序运行效果如图 4-4 所示，在网页弹出窗显示如下效果：

图 4-4　例 4-4 运行效果图

【例 4-5】　操作 HTML 元素开发实例。

```
<body>
<h1> 我的第一个 Web 页面 </h1>
<p id="demo"> 我的第一个段落。</p>
<script>
document.getElementById("demo").innerHTML=" 段落已修改。";
</script>
</body>
```

段落已修改。

图 4-5　例 4-5 运行效果图

如需从 JavaScript 访问某个 HTML 元素，我们可以使用 document.getElementById(id) 方法，可使用 id 属性来标识 HTML 元素，并用 innerHTML 来获取或插入元素内容。以上 JavaScript 语句 (在 <script> 标签 中) 可 以 在 web 浏 览 器 中 执 行。document. getElementById("demo") 是使用 id 属性来查找 HTML 元素的 JavaScript 代码。innerHTML=" 段落已修改。" 是用于修改元素的 HTML 内容 (innerHTML) 的 JavaScript 代码。

程序运行效果如图 4-5 所示，本实例直接把 id="demo" 的 <p> 元素写到 HTML 文档输出中。

【例 4-6】　将 JavaScript 直接写到 HTML 文档的设计实例。

```
<script>
document.write(Date());
</script>
```

我的第一个段落。

Thu Jun 22 2017 11:29:45 GMT+0800 (中国标准时间)

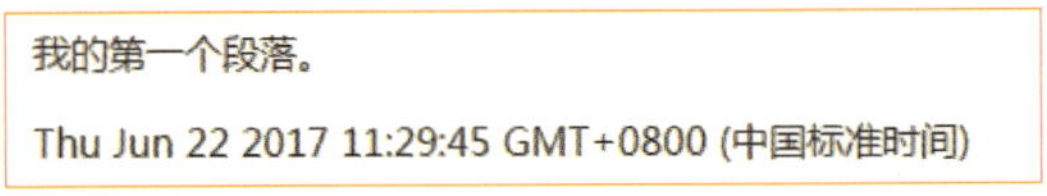

图 4-6　例 4-6 运行效果图

程序运行效果如图 4-6 所示，document. write() 可以将 JavaScript 直接写在 HTML 文档中。

【例 4-7】　覆盖整个 HTML 页面的实例。

```
<button onclick="myFunction()"> 点我 </button>
<script>
function myFunction()
{
    document.write(Date());
}
</script>
```

Thu Jun 22 2017 11:31:28 GMT+0800 (中国标准时间)

图 4-7　例 4-7 运行效果图

使用 document.write() 向文档输出内容。如果在文档已完成加载后执行 document .write，整个 HTML 页面将被覆盖。

程序运行效果如图 4-7 所示，点击按钮，整个 HTML 页面的内容只剩下了时间。

【例 4-8】　使用 Console.log() 方法将内容写到控制台设计实例。

```
<script>
    a = 5;
    b = 6;
```

```
c = a + b;
console.log(c);
</script>
```

如果我们的浏览器支持调试，我们可以使用 console.log() 方法在浏览器中显示 JavaScript 值。在浏览器中使用 F12 来启用调试模式，在调试窗口中点击"Console"菜单，可以查看控制台 console.log() 的输出，控制台也可以直接使用 JavaScript 语法进行编程。

程序运行效果如图 4-8 所示。

图 4-8　例 4-8 运行效果图

console.log() 的用处主要是方便我们调试 javascript，我们可以看到页面中输出的内容。相比 alert，console.log() 的优点：(1) console.log() 能看到结构化的东西，如果是 alert，弹出一个对象是 [object object] 则只能看到对象类型，但是 console 能看到对象的内容；(2) console 不会打断页面的操作，如果用 alert 弹出内容，那么页面就停止操作（死机）了，但是 console 输出内容后页面还可以正常操作。

console 里面的内容非常丰富，我们可以在控制台输入 console，然后就可看到如图 4-9 所示的内容。

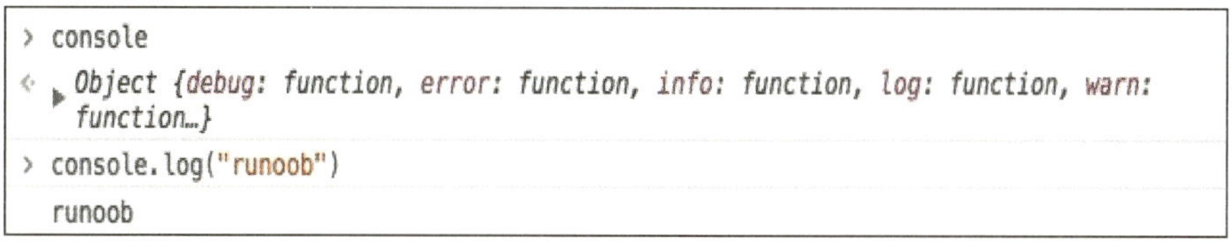

```
> console
◄ ▶ Object {debug: function, error: function, info: function, log: function, warn:
    function…}
> console.log("runoob")
  runoob
```

图 4-9　控制台 console 内容显示

document.write 是直接写入到页面的内容流，如果在写之前没有调用 document.open，浏览器会自动调用 open。每次写完关闭之后重新调用该函数，会导致页面被重写。

innerHTML 则是 DOM(Document Object Model，文档对象模型) 页面元素的一个属性，代表该元素的 HTML 内容。我们可以精确到某一个具体的元素来进行更改。如果想修改 document 的内容，则需要修改 document.documentElement.innerElement。

innerHTML 很多情况下都优于 document.write，其原因在于它允许更精确地控制要刷新页面的部分。我们会经常看到 document.getElementById("some id")，这个方法是 HTML DOM 中定义的。DOM 是用于访问 HTML 元素的正式 W3C 标准。

4.3.3　JavaScript 注释

JavaScript 注释可用于提高代码的可读性。JavaScript 不会执行注释，但我们可以添加注释来对 JavaScript 进行解释，或者提高代码的可读性。

【例 4-9】　用单行和多行注释来解释代码的应用实例。

```
<body>
<h1 id="myH1"></h1>
<p id="myP"></p>
<script>
/*
下面的这些代码会输出
一个标题和一个段落
并将代表主页的开始
*/
// 输出标题：
document.getElementById("myH1").innerHTML="Welcome to my Homepage";
// 输出段落：
document.getElementById("myP").innerHTML="This is my first paragraph.";
</script>
<p><b> 注释： </b> 注释块不会被执行。</p>
</body>
```

不是所有的 JavaScript 语句都是命令。单行注释以 // 开头，多行注释以 /* 开始，以 */ 结尾，这些注释的内容将会被浏览器忽略。

程序运行效果如图 4-10 所示，只显示没有注释掉的部分内容。

注释使用场合如下：

Welcome to my Homepage

This is my first paragraph.

注释： 注释块不会被执行。

图 4-10　例 4-10 运行效果图

1) 使用注释来阻止执行

在下面的代码段中，注释用于阻止其中一条代码行的执行 (可用于调试)。

```
//document.getElementById("myH1").innerHTML=" 欢迎来到我的主页 ";
document.getElementById("myP").innerHTML=" 这是我的第一个段落。";
```

在下面的代码段中，注释用于阻止代码块的执行 (可用于调试)。

```
/*
document.getElementById("myH1").innerHTML=" 欢迎来到我的主页 ";
document.getElementById("myP").innerHTML=" 这是我的第一个段落。";
*/
```

2) 在行末使用注释

在下面的代码段中，我们把注释放到代码行的结尾处。

```
var x=5;          // 声明 x 并把 5 赋值给它
var y=x+2;        // 声明 y 并把 x+2 赋值给它
```

JavaScript 属于 C 语系范畴，类似语言包括 C、C++、C#、Java、Perl、Python 等，这些语言都具有相同或类似的语法特性。学习时，相互之间能够触类旁通。

4.4 JavaScript 变量

程序开发通常都会使用变量，变量取代程序中的数据值，参与程序的执行。在程序开发的过程中，变量的使用使程序有了重用性和可移植性，几乎每一个函数都需要有变量的参与。变量是用于存储信息的"容器"。

4.4.1 变量类型

【例 4-10】 简单变量开发实例。

```
<script>
var x=5;
var y=6;
var z=x+y;
document.write(x + "<br>");
document.write(y + "<br>");
document.write(z + "<br>");
</script>
```

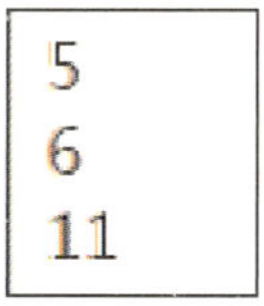

```
5
6
11
```

图 4-11 例 4-10 运
行效果图

就像代数那样，对于 x=5，y=6，z=x+y，在代数中，我们使用字母 (比如 x) 来保存值 (比如 5)。通过上面的表达式 z=x+y，我们能够计算出 z 的值为 11。在 JavaScript 中，这些字母被称为变量。我们可以把变量看作存储数据的容器。与代数一样，JavaScript 变量可用于存放值 (比如 x=5) 和表达式 (比如 z=x+y)。变量可以使用短名称 (比如 x 和 y)，也可以使用描述性更好的名称 (比如 age、sum、totalvolume)。

变量必须以字母开头 (变量也能以 $ 和 _ 开头，不过我们不推荐这么做)。变量名称对大小写敏感 (y 和 Y 是不同的变量)，JavaScript 语句和 JavaScript 变量都对大小写敏感。

程序运行效果如图 4-11 所示，在页面显示 x、y、z 的取值。

【例 4-11】 JavaScript 数据类型设计实例。

```
<script>
    var pi=3.14;
    var name="Bill Gates";
    var answer='Yes I am!';
    document.write(pi + "<br>");
    document.write(name + "<br>");
    document.write(answer + "<br>");
</script>
```

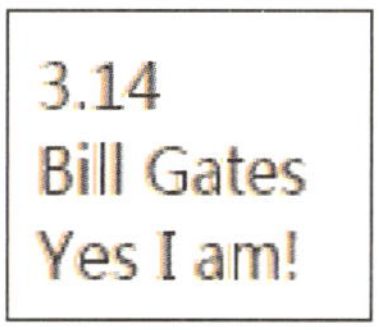

```
3.14
Bill Gates
Yes I am!
```

图 4-12 例 4-11 运
行效果图

JavaScript 变量还能保存其他数据类型，比如文本值 (name="Bill Gates")。在 JavaScript 中，类似 "Bill Gates" 这样一条文本被称为字符串。JavaScript 变量有很多种类型，但是现在，我们只重点介绍数字和字符串。当我们向变量分配文本值时，应该用双引号或单引号包围这个值。当我们向变量赋的值是数值时，不要使用引号。如果我们用引号包围数值，该值会被作为文本来处理。

程序运行效果如图 4-12 所示，页面输出 pi、name 和 answer 的值。

【例 4-12】 声明 (创建) JavaScript 变量设计实例。

```
<body>
<p> 点击这里来创建变量，并显示结果。</p>
<button onclick="myFunction()"> 点击这里 </button>
<p id="demo"></p>
<script>
function myFunction(){
        var carname="Volvo";
        document.getElementById("demo").innerHTML=carname;
}
</script>
</body>
```

在 JavaScript 中创建变量通常称为声明变量。我们使用 var 关键词来声明变量：var carname；变量声明之后，该变量是空的（它没有值）。如需向变量赋值，请使用等号：carname="Volvo"；不过，我们也可以在声明变量时对其赋值：var carname="Volvo"；一个好的编程习惯是，在代码开始处，统一对需要的变量进行声明。

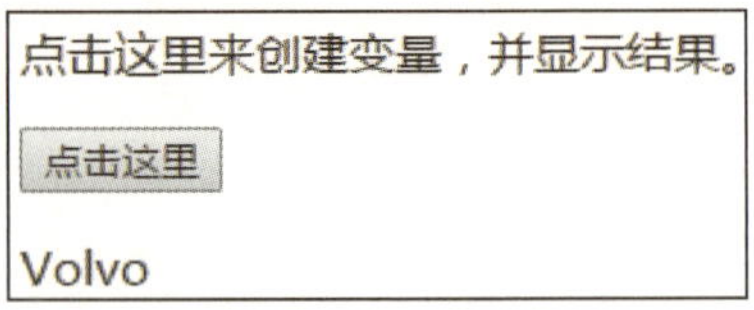

点击这里来创建变量，并显示结果。

点击这里

Volvo

图 4-13　例 4-12 运行效果图

例 4-12 的程序运行效果如图 4-13 所示，我们创建了名为 carname 的变量，并向其赋值 "Volvo"，然后把它放入 id="demo" 的 HTML 段落中。

1. 一条语句多个变量

我们可以在一条语句中声明很多变量。该语句以 var 开头，并使用逗号分隔变量，如：

```
var lastname="Doe", age=30, job="carpenter";
```

声明也可横跨多行：

```
var lastname="Doe",
age=30,
job="carpenter";
```

2. Value = undefined

在计算机程序中，经常会声明无值的变量。未使用值来声明的变量，其值实际上是 undefined。在执行过以下语句后，变量 carname 的值将是 undefined。

```
var carname;
```

3. 重新声明 JavaScript 变量

如果重新声明 JavaScript 变量，该变量的值不会丢失，在以下两条语句执行后，变量 carname 的值依然是 "Volvo"：

```
var carname="Volvo";
var carname;
```

【例 4-13】 JavaScript 计算实例。

```
<body>
<p> 假设 y=5，计算 x=y+2，并显示结果。</p>
<button onclick="myFunction()"> 点击这里 </button>
<p id="demo"></p>
```

```
<script>
function myFunction(){
        var y=5;
        var x=y+2;
        var demoP=document.getElementById("demo")
        demoP.innerHTML="x=" + x;
}
</script>
</body>
```

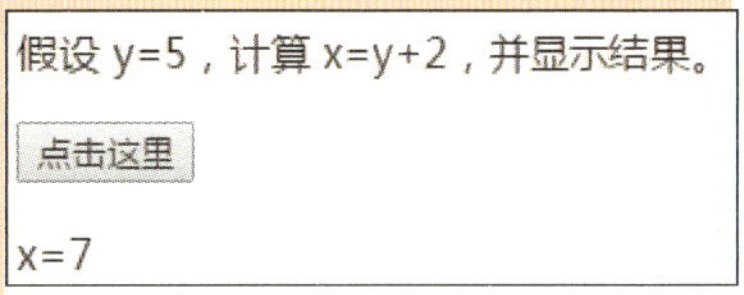

假设 y=5，计算 x=y+2，并显示结果。

[点击这里]

x=7

图 4-14　例 4-13 运行效果图

我们可以通过 JavaScript 变量来进行计算，使用 "=" 和 "+" 这类运算符。

程序运行效果如图 4-14 所示，计算后的结果为 x=7。

4.4.2　变量作用域

1. 局部 JavaScript 变量

在 JavaScript 函数内部声明的变量 (使用 var) 是局部变量，所以只能在函数内部访问它 (该变量的作用域是局部的)。例如：

// 此处不能调用 carName 变量 function myFunction(){var carName = "Volvo"; // 函数内可调用 carName 变量 }

我们可以在不同的函数中使用名称相同的局部变量，因为只有声明过该变量的函数才能识别出该变量。只要函数运行完毕，本地变量就会被删除。

2. 全局 JavaScript 变量

JavaScript 全局变量是整个页面都能访问的变量。

varcarName = " Volvo"; // 此处可调用 carName 变量 function myFunction(){// 函数内可调用 carName 变量 }

在函数外声明的变量是全局变量，网页上的所有脚本和函数都能访问它。如果变量在函数内没有声明 (没有使用 var 关键字)，该变量为全局变量。以下实例中 carName 在函数内，但是为全局变量。

// 此处可调用 carName 变量 function myFunction(){carName = "Volvo"; // 此处可调用 carName 变量 }

3. JavaScript 变量的生存期

JavaScript 变量的生命期从它们被声明的时间开始。局部变量会在函数运行以后被删除，全局变量会在页面关闭后被删除。如果要把值赋给尚未声明的变量，该变量将被自动作为全局变量声明。下面这条语句：

carName="Volvo";

将声明一个全局变量 carnName，即使它在函数内执行。

4.5　JavaScript 数据类型

JavaScript 中有如下数据类型：字符串 (String)、数字 (Number)、布尔 (Boolean)、数组 (Array)、对象 (Object)、空 (Null)、未定义 (Undefined)。JavaScript 拥有动态类型，这意

味着相同的变量可用作不同的类型，例如：

```
var x;                      // x 为 undefined
var x = 5;                  // 现在 x 为数字
var x = "John";             // 现在 x 为字符串
```

当我们声明新变量时，可以使用关键词"new"来声明其类型：

```
var carName=new String;
var x=new Number;
var y=new Boolean;
var cars=new Array;
var person=new Object;
```

JavaScript 变量均为对象。当我们声明一个变量时，就创建了一个新的对象。

【例 4-14】 JavaScript 字符串应用实例。

```
<script>
    var carName1="Volvo XC60";
    var carName2='Volvo XC60';
    var answer1='It\'s alright';
    var answer2="He is called \"Johnny\"";
    var answer3='He is called "Johnny"' ;
    document.write(carName1 + "<br>")
    document.write(carName2 + "<br>")
    document.write(answer1 + "<br>")
    document.write(answer2 + "<br>")
    document.write(answer3 + "<br>")
</script>
```

```
Volvo XC60
Volvo XC60
It's alright
He is called "Johnny"
He is called "Johnny"
```

图 4-15　例 4-14 运
　　　　行效果图

字符串是存储字符 (比如 "Bill Gates") 的变量，字符串可以是引号中的任意文本。我们可以在字符串中使用引号，只要不匹配包围字符串的引号即可，例如：

```
var carName="Volvo XC60";
var carName='Volvo XC60';
```

例 4-14 的程序运行效果如图 4-15 所示，输出引号内的字符类型，将特殊字符"\"和"\"转换后输出。

【例 4-15】 JavaScript 数字设计实例。

```
<script>
var x1=34.00;
var x2=34;
var y=123e5;
var z=123e-5;
document.write(x1 + "<br>")
document.write(x2 + "<br>")
document.write(y + "<br>")
document.write(z + "<br>")
</script>
```

```
34
34
12300000
0.00123
```

图 4-16　例 4-15 运
　　　　行效果图

程序运行效果如图 4-16 所示。JavaScript 只有一种数字类型，数字可以带小数点，也可以不带，极大或极小的数字可以通过科学 (指数) 计数法来书写。

【例 4-16】　JavaScript 布尔设计实例。

```
<script>
var x=true;
var y=false;
document.write(x + "<br>")
document.write(y + "<br>")
</script>
```

true
false

图 4-17　例 4-16 运行效果图

布尔 (逻辑) 只能有两个值：true 或 false，常用在条件测试中。

程序运行效果如图 4-17 所示，输出布尔值显示效果。

【例 4-17】　JavaScript 数组设计实例。

下面的代码是创建名为 cars 的数组：

```
var cars=new Array();
cars[0]="Saab";
cars[1]="Volvo";
cars[2]="BMW";
```

或者直接使用如下语句创建数组：

```
var cars=new Array("Saab","Volvo","BMW");
```

数组下标是基于零的，所以第一个项目是 [0]，第二个是 [1]，以此类推。用 for 循环去除数组里的所有值：

```
for (i=0;i<cars.length;i++)
{
document.write(cars[i] + "<br>");
}
```

Saab
Volvo
BMW

图 4-18　例 4-17 运行效果图

程序运行效果如图 4-18 所示。

【例 4-18】　JavaScript 对象开发实例。

对象由花括号分隔，在括号内部，对象的属性以名称和值对的形式 (name : value) 来定义。属性由逗号分隔：

```
var person={firstname:"John", lastname:"Doe", id:5566};
```

上面例子中的对象 (person) 有三个属性：firstname、lastname 以及 id。空格和折行无关紧要，声明可横跨多行：

```
var person={
    firstname : "John",
    lastname  : "Doe",
    id        : 5566
};
```

对象属性有两种寻址方式：

```
document.write(person.lastname + "<br>");
document.write(person["lastname"] + "<br>");
```

Doe
Doe

图 4-19　例 4-18 运行效果图

程序运行效果如图 4-19 所示，此为两种方式获取对象的值的结果显示。

【例 4-19】 Undefined 和 Null 设计实例。

```
<script>
var person;
var car="Volvo";
document.write(person + "<br>");
document.write(car + "<br>");
var car=null;
document.write(car + "<br>");
</script>
```

```
undefined
Volvo
null
```

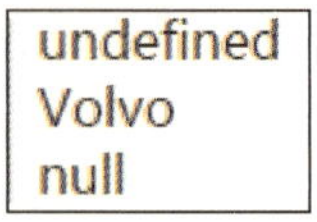

图 4-20　例 4-19 运行效果图

在 JavaScript 中有两个特殊类型的值：null 和 undefined，说明如下：

null 是 Null 类型的值，Null 类型的值只有一个 (null)，它表示空值。当对象为空，或者变量没有任何引用，其返回值为 null。如果一个变量的值为 null，则表明它的值不是有效的对象、数组、数值、字符串和布尔型等。如果使用 typeof 运算符检测 null 值的类型，则返回 object，说明它是一种特殊的对象。

Undefined 表示未定义的值，当变量未初始化值时，会默认其值为 undefined。它区别于任何对象、数组、数值、字符串和布尔型。使用 typeof 运算符检测 undefined 的类型，其返回值为 undefined。

本例的程序运行效果如图 4-20 所示，输出效果显示：undefined 这个值表示变量不含有值，而是通过将变量的值设置为 null 来清空变量。

4.6　JavaScript 运算符

在 JavaScript 程序中，要完成各种各样的运算，是离不开运算符的，它用于将一个或几个值进行运算，从而得出所需的结果值。JavaScript 提供了丰富的运算类型，包括算术运算符、赋值运算符、比较和逻辑运算符和条件运算等。

【例 4-20】 指定变量值，并将值相加的设计实例。

```
<body>
function myFunction()
{ y=5;
    z=2;
    x=y+z;
    document.getElementById("demo").innerHTML=x;
}
</script>
    </body>
```

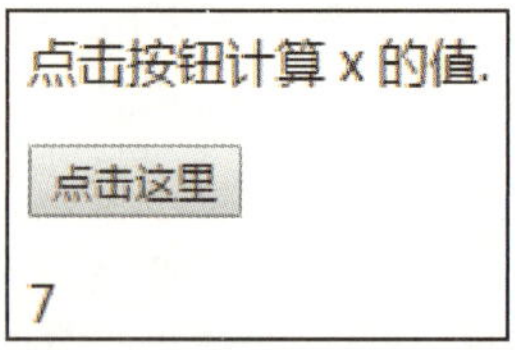

```
点击按钮计算 x 的值.
点击这里
7
```

图 4-21　例 4-20 运行效果图

算术运算符 "=" 用于给 JavaScript 变量赋值，"+" 用于把值加起来。

例 4-20 的程序运行效果如图 4-21 所示，在以上语句执行后，x 的值是 5+2，即为 7。

1. JavaScript 算术运算符

算术运算符用于给 JavaScript 变量的变量做算术运算。给定 x、y，表 4-2 解释了这些算术运算符的使用。

表 4-2 JavaScript 算术运算符

运算符	描 述	例 子	x 运算结果	y 运算结果
+	加法	x=y+2	7	5
−	减法	x=y−2	3	5
*	乘法	x=y*2	10	5
/	除法	x=y/2	2.5	5
%	取模（余数）	x=y%2	1	5
++	自增	x=++y	6	6
		x=y++	5	6
--	自减	x=--y	4	4
		x=y--	5	4

2. JavaScript 赋值运算符

赋值运算符用于给 JavaScript 变量赋值。给定 x=10 和 y=5，表 4-3 解释了赋值运算符。

表 4-3 JavaScript 赋值运算符

运算符	例 子	等同于	运算结果
=	x=y		x=5
+=	x+=y	x=x+y	x=15
−=	x−=y	x=x−y	x=5
*=	x*=y	x=x*y	x=50
/=	x/=y	x=x/y	x=2
%=	x%=y	x=x%y	x=0

【例 4-21】 使用 "+" 运算符把两个或多个字符串变量连接起来的设计实例。

```
function myFunction()
{
        txt1="What a very ";
        txt2="nice day";
        txt3=txt1+txt2;
        document.getElementById("demo").innerHTML=txt3;
}
</script>
```

点击按钮创建及增加字符串变量。

点击这里

What a very nice day

图 4-22 例 4-21 运行效果图

"+" 运算符用于把文本值或字符串变量加起来（连接起来）。如需把两个或多个字符串变量连接起来，可使用 "+" 运算符。要想在两个字符串之间增加空格，需要把空格插入一个字符串之中，或者把空格插入表达式中，例如：

```
        txt3=txt1+""+txt2;
```

程序运行效果如图 4-22 所示，读者可以通过不断修改源代码得出我们想要的字符连接效果。

【例 4-22】 对字符串和数字进行加法运算的实例。

```
function myFunction()
{
    var x=5+5;
    var y="5"+5;
    var z="Hello"+5;
    var demoP=document.getElementById("demo");
    demoP.innerHTML=x + "<br>" + y + "<br>" + z;
}
```

图 4-23　例 4-22 运行效果图

两个数字相加，返回数字相加的和。如果数字与字符串相加，则返回字符串。

程序运行效果如图 4-23 所示，本例把数字与字符串相加，结果将成为字符串。

3. JavaScript 比较和逻辑运算符

比较和逻辑运算符用于测试 true 或者 false。

1）比较运算符

比较运算符在逻辑语句中使用，以测定变量或值是否相等。

给定 x=5，表 4-4 解释了比较运算符。

表 4-4　JavaScript 比较运算符

运算符	描　述	比　　较	返回值
= =	等于	x= =8	false
		x= =5	true
= = =	绝对等于（值和类型均相等）	x= = ="5"	false
		x= = =5	true
!=	不等于	x!=8	true
!= =	不绝对等于（值和类型有一个不相等，或两个都不相等）	x!= ="5"	true
		x!= =5	false
>	大于	x>8	false
<	小于	x<8	true
>=	大于或等于	x>=8	false
<=	小于或等于	x<=8	true

可以在条件语句中使用比较运算符对值进行比较，然后根据结果来采取行动，如：

```
if (age<18) x="Too young";
```

2）逻辑运算符

逻辑运算符用于测定变量或值之间的逻辑。

给定 x=6 以及 y=3，表 4-5 解释了逻辑运算符。

表 4-5　JavaScript 逻辑运算符

运算符	描　述	例　子
&&	and	(x < 10 && y > 1) 为 true
||	or	(x==5 || y==5) 为 false
!	not	!(x==y) 为 true

4. 条件运算符

JavaScript 还包含了基于某些条件对变量进行赋值的条件运算符，语法如下：

```
variablename=(condition)?value1:value2
```

(1) 设置检测年龄的页面显示布局结构，当点击按钮时，触发 myFunction() 函数：

```
<body>
<p> 点击按钮检测年龄。</p>
年龄 :<input id="age"value="18" />
<p> 是否达到投票年龄 ?</p>
<button onclick="myFunction()"> 点击按钮 </button>
<p id="demo"></p>
<script>
```

(2) myFunction( ) 函数实现年龄输入框的逻辑判断：

```
function myFunction()
{
    var age,voteable;
    age=document.getElementById("age").value;
    voteable=(age<18)?" 年龄太小 ":" 年龄已达到 ";
    document.getElementById("demo").innerHTML=voteable;
}
</script>
</body>
```

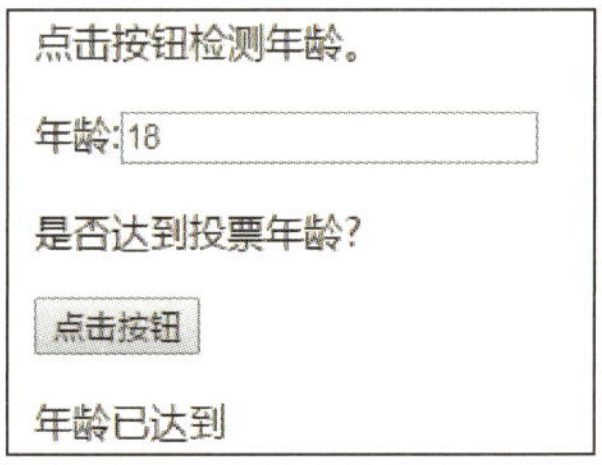

图 4-24　例 4-23 运行效果图

程序运行效果如图 4-24 所示，如果变量 age 中的值小于 18，则向变量 voteable 赋值"年龄太小"，否则赋值"年龄已达到"。

4.7　JavaScript 语句类型

JavaScript 编程中，对程序流程的控制主要是通过条件判断语句、循环语句、跳转语句来完成的，其中条件判断语句按预先设定的条件执行程序，包括 if 语句和 switch 语句；而循环语句则可以重复完成任务，包括 while 语句、do-while 语句及 for 语句。

4.7.1　条件判断语句

条件判断语句就是对语句中不同条件的值进行判断，根据不同的条件来执行不同的动作。通常在写代码时，我们总是需要为不同的决定来执行不同的动作。我们可以在代码中使用条件语句来完成该任务。在 JavaScript 中，我们可使用 if 判断语句和 switch 语句。

1．if 判断语句

【例 4-23】 当时间小于 20:00 时，生成问候"Good day"的设计实例。

```
if(time<20){x="Good day"; }
```

(1) If 语句：只有当指定条件为 true 时，该语句才会执行代码，语法如下：

```
if (condition)
{
    当条件为 true 时执行的代码
}
```

Good day

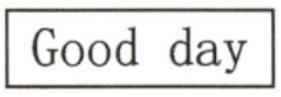

图 4-25 例 4-24 运行效果图

注意：在这个语法中，没有 ...else...。我们已经告诉浏览器只有在指定条件为 true 时才执行代码。请使用小写的 if，使用大写字母 (IF) 会生成 JavaScript 错误。

程序运行效果如图 4-25 所示，即 x 的结果是 Good day。

【例 4-24】 当时间小于 20:00 时，生成问候"Good day"，否则生成问候"Good evening"。

```
if(time<20){x="Good day"; }else{x="Good evening"; }
```

(2) if...else 语句：在条件为 true 时执行代码，在条件为 false 时执行其他代码，语法如下：

```
if (condition)
{
    当条件为 true 时执行的代码
}
else
{
    当条件不为 true 时执行的代码
}
```

程序运行后，x 的结果是："Good day"。

【例 4-25】 如果时间小于 10:00，则生成问候"Good morning"，如果时间大于 10:00 小于 20:00，则生成问候"Good day"，否则生成问候"Good evening"的设计实例。

```
if(time<10)
{
    document.write("<b> 早上好 </b>");
}else if(time>=10 && time<20){
    document.write("<b> 今天好 </b>");
}else{
    document.write("<b> 晚上好 !</b>");
}
```

(3) if...else if...else 语句：使用该语句来选择多个代码块之一进行执行，语法如下：

```
if (condition1)
{
    当条件 1 为 true 时执行的代码
}
else if (condition2)
{
    当条件 2 为 true 时执行的代码
}
```

```
else
{
    当条件 1 和条件 2 都不为 true 时执行的代码
}
```

程序运行后，x 的结果是："早上好"。

2. switch 语句

switch 语句用于基于不同的条件来执行不同的动作。请使用 switch 语句来选择要执行的多个代码块之一，语法如下：

```
switch(n){
    case 1: 执行代码块 1
            break;
    case 2: 执行代码块 2
            break;
            default:
            与 case 1 和 case 2 不同时执行的代码
}
```

工作原理：首先设置表达式 n(通常是一个变量)，随后表达式的值会与结构中的每个 case 的值做比较。如果存在匹配，则与该 case 关联的代码块会被执行。可使用 break 来阻止代码自动地向下一个 case 运行。

【例 4-26】　显示今天的星期名称设计实例。

```
var d=new Date().getDay();
switch(d){
    case0:x=" 今天是星期日 ";
        break;
    case 1:x=" 今天是星期一 ";
        break;
    case 2:x=" 今天是星期二 ";
        break;
    case 3:x=" 今天是星期三 ";
        break;
    case 4:x=" 今天是星期四 ";
        break;
    case 5:x=" 今天是星期五 ";
        break;
    case 6:x=" 今天是星期六 ";
        break; }
```

注意：Sunday=0，Monday=1，Tuesday=2，等等。如果今天是星期二，则 x 的运行结果是："今天是星期二"。

【例 4-27】　如果今天不是星期六或星期日，则会输出默认的消息的设计实例。

```
var d=newDate().getDay();
switch(d){
    case 6:x=" 今天是星期六 ";
        break;
    case 0:x=" 今天是星期日 ";
```

```
        break;
    default:
        x=" 期待周末 ";}
    document.getElementById("demo").innerHTML=x;
```

请使用 default 关键词来规定匹配不存在时执行的代码：

x 的运行结果："期待周末"。

4.7.2 循环语句

循环可以使代码块执行指定的次数。如果我们希望一遍又一遍地运行相同的代码，并且每次的值都不同，那么可以使用循环语句。循环语句主要包括 while 语句、do...while 语句和 for 语句。

1. for 循环

for 循环是我们在创建循环时常会用到的工具。for 循环的语法如下：

```
for ( 语句 1; 语句 2; 语句 3)
{
    被执行的代码块
}
语句 1 ( 代码块 ) 开始前执行 starts
语句 2 定义运行循环 ( 代码块 ) 的条件
语句 3 在循环 ( 代码块 ) 已被执行之后执行
```

【例 4-28】 用 for 循环计算数值的实例。

```
for(vari=0; i<5; i++){x=x + " 该数字为 " + i + "<br>"; }
```

从上面的例子中我们可以看到：

Statement 1 在循环开始之前设置变量 (var i=0)。

Statement 2 定义循环运行的条件 (i 必须小于 5)。

Statement 3 在每次代码块已被执行后增加一个值 (i++)。

程序运行效果如图 4-26 所示，数值部分逐条加 1。

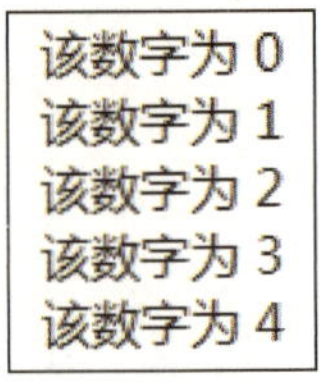

该数字为 0
该数字为 1
该数字为 2
该数字为 3
该数字为 4

图 4-26　例 4-28
运行效果图

【例 4-29】 使用 for 循环输出数组的值的实例。

一般写法：

```
document.write(cars[0] + "<br>"); document.write(cars[1] + "<br>");
document.write(cars[2] + "<br>"); document.write(cars[3] + "<br>");
document.write(cars[4] + "<br>"); document.write(cars[5] + "<br>");
```

使用 for 循环：

```
for(vari=0;i<cars.length;i++){document.write(cars[i] + "<br>"); }
```

BMW
Volvo
Saab
Ford

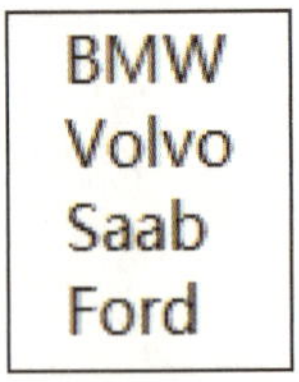

图 4-27　例 4-29
运行效果图

程序运行效果如图 4-27 所示，用 for 循环的方式和用一般写法获得的效果是一样的，但用 for 循环的代码简洁多了。

同时我们还可以省略语句 1(比如在循环开始前已经设置了值时)：

```
var i=2,len=cars.length; for(; i<len; i++){document.write(cars[i] + "<br>"); }
```

通常语句 2 用于评估初始变量的条件。语句 2 同样是可选的。如果语句 2 返回 true，则循环再次开始；如果返回 false，则循环将结束。如果我们省略了语句 2，那么必须在循环内提供 break，否则循环就无法停下来，这样有可能令浏览器崩溃。本书后面的章节将讲到有关 break 的内容。

通常语句 3 会增加初始变量的值。语句 3 也是可选的，有多种用法。增量可以是负数 (i--)，或者更大 (i=i+15)。语句 3 也可以省略 (比如当循环内部有相应的代码时)，如：

```
var i=0,len=cars.length; for(; i<len; ){document.write(cars[i] + "<br>"); i++; }
```

【例 4-30】　for/in 循环案例演示的实例。

```
var person={fname:"John",lname:"Doe",age:25}; for(xinperson)// x 为属性名 {txt=txt｜person[x]; }
```

JavaScript for/in 语句循环遍历对象的属性。

程序运行效果如图 4-28 所示。

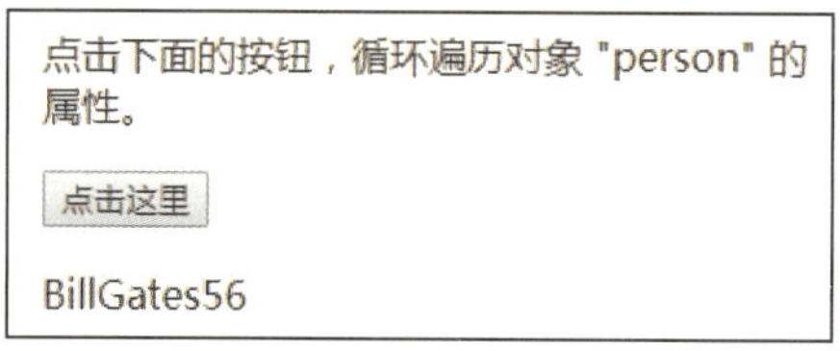

图 4-28　例 4-30 运行效果图

2. while 循环

while 循环会在指定条件为真时循环执行代码块，语法如下：

```
while ( 条件 )
{
    需要执行的代码
}
```

【例 4-31】　只要变量 i 小于 5，循环将继续运行的设计实例。

```
while(i<5){x=x + "The number is " + i + "<br>"; i++; }
```

程序运行效果如图 4-29 所示。

注意：如果我们忘记增加条件中所用变量的值，则该循环永远不会结束，这可能导致浏览器崩溃。

【例 4-32】　使用 do...while 循环的实例。

该循环至少会执行一次，即使条件为 false，它也会执行一次，因为代码块会在条件被测试前执行：

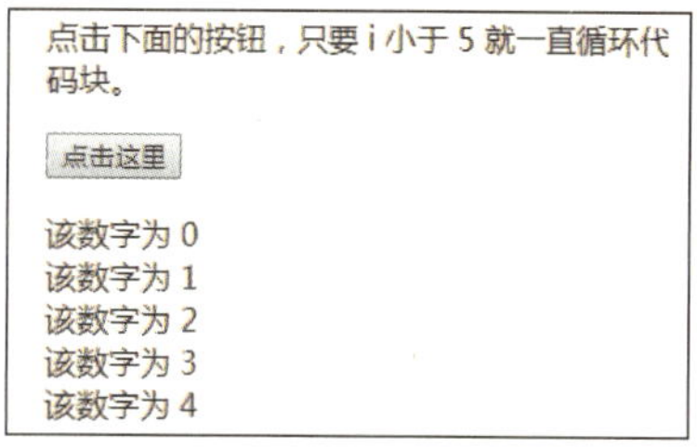

图 4-29　例 4-31 运行效果图

```
do{x=x + "The number is " + i + "<br>"; i++; }while(i<5);
```

3. do...while 循环

do...while 循环是 while 循环的变体。该循环会在检查条件是否为真之前执行一次代码块，然后如果条件为真的话，就会重复这个循环，语法如下：

```
do
{
    需要执行的代码
}
while ( 条件 );
```

注意：别忘记增加条件中所用变量的值，否则循环永远不会结束！

程序运行效果如图 4-29 所示。

【例 4-33】 与 for 循环对比的设计实例。

如果我们已经学会了前面关于 for 循环的内容，我们会发现 while 循环与 for 循环很像。本例中的循环使用 for 循环来显示 cars 数组中的所有值：

```
cars=["BMW", "Volvo", "Saab", "Ford"];
var i=0; while(cars[i]){document.write(cars[i] + "<br>"); i++; }
```

程序运行效果如图 4-27 所示。

4.7.3 跳转语句

JavaScript 中的跳转语句有 break 语句与 continue 语句，其中 break 语句用于跳出循环，continue 语句用于跳过循环中的一个迭代。

1. break 语句

break 语句，它用于跳出 switch( ) 语句。break 语句可用于跳出循环。而 continue 语句跳出循环后，会继续执行该循环之后的代码 (如果有的话)：

【例 4-34】 break 语句设计实例。

```
for(i=0;i<10;i++){
    if(i==3){break; }
        x=x + "The number is " + i + "<br>";
}
```

由于这个 if 语句只有一行代码，所以可以省略花括号：

```
for (i=0;i<10;i++) { if (i==3) break; x=x + "The number is " + i + "<br>"; }
```

程序运行效果如图 4-30 所示，语句一直执行到 i 等于 3 后就退出循环，所以效果显示只有 0 ~ 2 的数值。

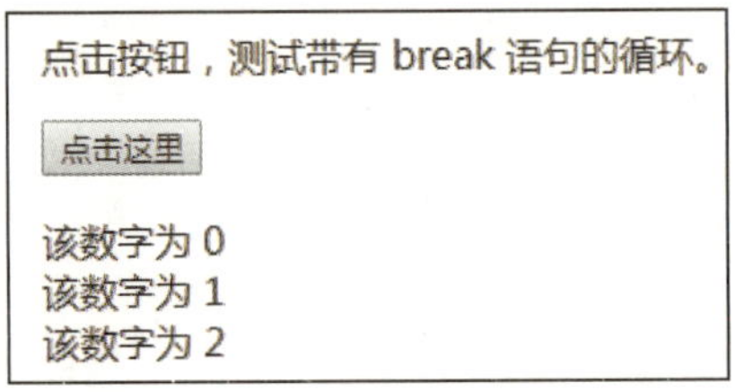

点击按钮，测试带有 break 语句的循环。

点击这里

该数字为 0
该数字为 1
该数字为 2

图 4-30　例 4-34 运行效果图

2. continue 语句

continue 语句可中断循环中的迭代。如果出现了指定的条件，那么会继续执行循环中的下一个迭代。

【例 4-35】 Continue 语句开发实例。

```
for(i=0;i<=10;i++){
    if(i==3)continue;
        x=x + "The number is " + i + "<br>";
}
```

程序运行效果如图 4-31 所示，语句一直执行到 i 等于 3 后就跳过了值 3，然后继续执行，所以运行效果将显示除了 3 的所有数值。

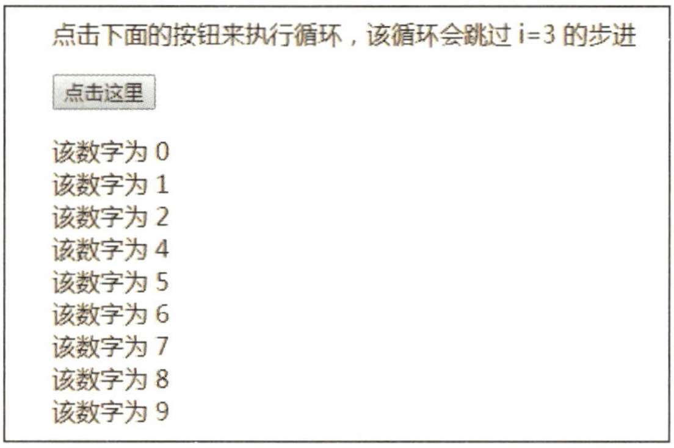

点击下面的按钮来执行循环，该循环会跳过 i=3 的步进

点击这里

该数字为 0
该数字为 1
该数字为 2
该数字为 4
该数字为 5
该数字为 6
该数字为 7
该数字为 8
该数字为 9

图 4-31　例 4-35 运行效果图

4.7.4　异常处理

当 JavaScript 引擎执行 JavaScript 代码时，程序中不可避免地存在无法预知的反常情况，这种反常称为异常。这种异常可能是语法错误，通常是由于程序员编码错误或输入错别字造成的；可能是拼写错误或语言中缺少功能（可能由于浏览器差异）；可能是由于来自服务器或用户的错误输出而导致的错误。当然，也可能是由于许多其他不可预知的因素导致的。JavaScript 为处理在程序执行期间可能出现的异常提供了内置支持，由正常控制流之外的代码处理。JavaScript 异常处理语句包括 throw、try 和 catch。

(1) try 语句测试代码块的错误。

(2) catch 语句处理错误。

(3) throw 语句创建自定义错误。

当错误发生时，JavaScript 引擎通常会停止，并生成一个错误消息。描述这种情况的技术术语：JavaScript，它将抛出一个错误。

1. JavaScript try...catch 语句

JavaScript 允许我们定义在执行时进行错误测试的代码块，catch 语句允许我们定义当 try 代码块发生错误时所执行的代码块。JavaScript 语句 try 和 catch 是成对出现的，语法如下：

```
try{// 在这里运行代码 }catch(err){// 在这里处理错误 }
```

【例 4-36】　try...catch 开发实例。

```
vartxt="";
function message(){
    try{adddlert("Welcome guest!"); }
    catch(err){
        txt=" 本页有一个错误。\n\n";
        txt+=" 错误描述： " + err.message + "\n\n";
        txt+=" 点击确定继续。\n\n"; alert(txt);
    }
}
```

程序运行效果如图 4-32 所示。在本例中，我们故意在 try 块的代码中写了一个错误单词。catch 块会捕捉到 try 块中的错误，并执行代码来处理它。

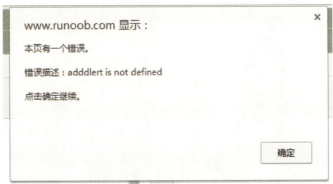

图 4-32　例 4-36 运行效果图

2. JavaScript throw(抛出) 错误

【例 4-37】　throw 实例。

```
functionmyFunction(){
    varmessage, x;
    message = document.getElementById("message");
    message.innerHTML = "";
    x = document.getElementById("demo").value;
    try{if(x == "")throw" 值为空 ";
        if(isNaN(x))throw" 不是数字 ";
        x = Number(x);
        if(x<5)throw" 太小 ";
        if(x>10)throw" 太大 ";
    }catch(err){
        message.innerHTML = " 错误 : " + err;
    }
}
```

请输出一个 5 到 10 之间的数字:

| 90 | 测试输入 |

错误: 太大

图 4-33　例 4-37 运行效果图

异常可以是 JavaScript 字符串、数字、逻辑值或对象的异常。throw 语句允许我们创建自定义错误。正确的技术术语：创建或抛出异常 (exception)。如果把 throw 与 try 和 catch 一起使用，那么我们能够控制程序流，并生成自定义的错误消息，语法如下：

```
throw exception
```

程序运行效果如图 4-33 所示，本例检测输入变量的值。如果值是错误的，会抛出一个异常 (错误)，catch 会捕捉到这个错误，并显示一段自定义的错误消息。

注意：如果 getElementById 函数出错，上面的例子也会抛出一个错误。

课 后 习 题

一、1+X 知识点自我测试

1. JS 语句：
   var a1=10;
   var a2=20;

```
alert("a1+a2="+a1+a2)
```

将显示的结果是 (　　)。

A. a1+a2=30　　　　　B. a1+a2=1020　　　　C. a1+a2=a1+a2　　　　D. 显示错误

2. 有代码如下：

```
var  a=[],
b=[],
c=a==b;
console.log(c);
```

上面代码会在浏览器的控制台中输出 (　　)。

A. true　　　　　　　B. c　　　　　　　　　C. false　　　　　　　D. a==b

3. 下列 JavaScript 的循环语句中 (　　) 是正确的。

A. if(i<10;i++)　　　　　　　　　　　B. for(i=0;i<10)

C. for i=1 to 10　　　　　　　　　　　D. for(i=0;i<=10;i++)

4. 下面各选项中符合一个有效的 JavaScript 变量定义规则的是 (　　)。

A. _tet2　　　　　　　B. with　　　　　　　C. a bc　　　　　　　D. 2a

5. 关于 JavaScript 语言，下列说法中错误的是 (　　)。

A. JavaScript 语言是一种解释性语言

B. JavaScript 语言与操作环境无关

C. JavaScript 语言与客户端浏览器无关

D. JavaScript 是动态的，它可以直接对用户输入做出响应

二、案例演练

1. 用 JavaScript 编写一个求一个字符串的字节长度的方法。

2. 截取字符串 abcdefg 的 efg。

3. 编写 JavaScript 程序实现 n 的阶乘 (n 大于 1 的整数)。

第 5 章　JavaScript 对象和函数

JavaScript 从最初的基于对象语言已经慢慢发展为一种面向对象语言，对象和函数成了 JavaScript 语言程序的基本单元。本章主要介绍 JavaScript 的对象和函数。

5.1　JavaScript 对象概述

JavaScript 中的所有事物都是对象，如字符串、数值、数组、函数等。此外，JavaScript 允许自定义对象。JavaScript 提供多个内建对象，比如 String、Date、Array 等。对象只是带有属性和方法的特殊数据类型，例如布尔型、数字型等。在 JavaScript 中，对象只是一种特殊的数据，并且这种数据拥有属性和方法。

(1) 访问对象的属性。属性是与对象相关的值。访问对象属性的语法是：

```
objectName.propertyName
```

下面这个例子使用了 String 对象的 length 属性来获得字符串的长度：

```
var message="Hello World!";
var x=message.length;
```

在以上代码执行后，x 的值将是 12。

(2) 访问对象的方法。方法是能够在对象上执行的动作。我们可以通过以下语法来调用方法：

```
objectName.methodName()
```

下面这个例子使用了 String 对象的 toUpperCase() 方法来将文本转换为大写：

```
var message="Hello world!";
var x=message.toUpperCase();
```

在以上代码执行后，x 的值将是：

```
HELLO WORLD!
```

(3) 创建 JavaScript 对象。通过 JavaScript，我们能够定义并创建自己的对象。创建新对象有以下两种不同的方法：

① 定义并创建对象的实例：

【例 5-1】　创建对象开发实例 1。

```
person=new Object();
person.firstname="John";
person.lastname="Doe";
person.age=50;
person.eyecolor="blue";
```

本例创建了一个名为 Person 的对象，并向其增加四个属性。同样，创建对象也可以采用对象的赋值方式，其实现方式如下：

```
<script>
person={firstname:"John",lastname:"Doe",age:50,eyecolor:"blue"}
document.write(person.firstname+" is "+person.age+" years old.");
</script>
```

程序运行效果如图 5-1 所示。

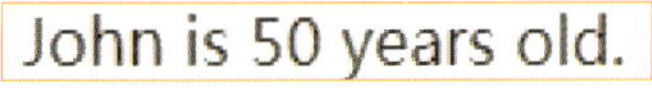

John is 50 years old.

图 5-1　例 5-1 运行效果图

② 使用函数来定义对象，然后创建新的对象实例。定义对象的步骤如下：

a. 使用对象构造器。

【例 5-2】　创建对象开发实例 2。

```
function person(firstname,lastname,age,eyecolor){
    this.firstname=firstname;
    this.lastname=lastname;
    this.age=age;
    this.eyecolor=eyecolor;
}
```

使用函数来构造对象：在 JavaScript 中，this 通常指向的是我们正在执行的函数本身，或者是指向该函数所属的对象 (运行时)。

b. 创建 JavaScript 对象实例。

一旦我们有了对象构造器，就可以创建新的对象实例，就像下面这样：

```
var myFather=new person("John", "Doe",50,"blue");
var myMother=new person("Sally","Rally",48,"green");
```

c. 把属性添加到 JavaScript 对象。

我们可以通过为对象赋值，向已有对象添加新属性。假设 person 的 object 已存在，我们可以为其添加这些新属性：firstname、lastname、age 以及 eyecolor，示例如下：

```
person.firstname="John";
person.lastname="Doe";
person.age=50;
person.eyecolor="blue";
x=person.firstname;
```

在以上代码执行后，x 的值将是：

```
John
```

【例 5-3】　把方法添加到 JavaScript 对象开发实例。

```
function person(firstname,lastname,age,eyecolor)
{
    this.firstname=firstname;
    this.lastname=lastname;
    this.age=age;
    this.eyecolor=eyecolor;
    this.changeName=changeName;
```

```
function changeName(name)
{
    this.lastname=name;
}
}
```

　　方法也叫作函数，其都作为对象上的一个属性来使用。在对象的方法中，其内部定义的方法名称为 changeName()。在该方法中，其形式参数 name 会赋值给 person 的 lastname 属性，例如 myMother.changeName("Doe"); 程序运行效果为 "Doe"。

【例 5-4】　循环遍历对象的属性开发实例。

```
var person={fname:"John",lname:"Doe",age:25}; for(x in person){txt=txt + person[x]; }
```

　　JavaScript 是面向对象的语言，但 JavaScript 不使用类。在 JavaScript 中，不会创建类，也不会通过类来创建对象 (就像在其他面向对象的语言中那样)。JavaScript 是基于 prototype，而不是基于类的。

　　JavaScript for...in 语句循环遍历对象的属性。for...in 循环中的代码块将针对每个属性执行一次。

BillGates56

图 5-2　例 5-4 运行效果图

　　例 5-4 的程序运行效果如图 5-2 所示。

5.2　JavaScript 函数

　　在多种程序开发语言中 (例如 Java 语言等)，函数都是必不可少的工具。在这些开发语言中，函数的定义和使用方法都大致相似。函数是可重复使用的代码块，其只有在被调用时发生作用。在 JavaScript 中的函数在其代码块的前面使用了关键词 function。如果需要在程序中判断某一对象是否为函数，可以使用 typeof 操作符来判断函数类型，如果返回值为 "function"，则证明该对象为函数对象。

```
function function name()
{
    执行代码
}
```

　　当调用该函数时，会执行函数内的代码。可以在某事件发生时直接调用函数 (比如当用户点击按钮时)，可由 JavaScript 在任何位置进行调用。JavaScript 对大小写敏感，关键词 function 必须是小写的，并且必须以与函数名称相同的大小写来调用函数。JavaScript 调用函数的方法有如下几种：

1. 调用带参数的函数

　　在调用函数时，我们可以向其传递值，这些值被称为参数。这些参数可以在函数中使用。我们可以发送任意多的参数，由逗号 (,) 分隔：

```
myFunction(argument1, argument2)
```

当我们声明函数时，可以把参数作为变量来声明：

```
function myFunction(var1,var2)
{
    代码
}
```

变量和参数必须以一致的顺序出现。第一个变量就是第一个被传递的参数的给定的值，以此类推。

【例 5-5】　函数简单开发实例。

```
<p> 点击这个按钮，来调用带参数的函数。</p>
<button onclick="myFunction('Harry Potter', 'Wizard')"> 点击这里 </button>
<script> function myFunction(name,job)
{ alert("Welcome " + name + ", the " + job); }
</script>
```

在程序运行后，单击按钮会弹出对话框，显示内容为"Welcome Harry Potter, the Wizard"。

函数很灵活，当我们传入不同的参数来调用函数时，函数会返回不同的信息给我们，例如：

```
<button onclick="myFunction('Harry Potter', 'Wizard')"> 点击这里 </button>
<button onclick="myFunction('Bob', 'Builder')"> 点击这里 </button>
```

实现了上述代码后，我们单击不同的按钮，会出现不同的提示，例如："Welcome Harry Potter, the Wizard"或"Welcome Bob, the Builder"。

2. 调用带有返回值的函数

【例 5-6】　计算两个数字的乘积，并返回结果的开发实例。

```
function myFunction(a,b)
{return a*b; }
document.getElementById("demo").innerHTML=myFunction(4,3);
```

有时，我们希望函数将值返回调用它的地方，通过使用 return 语句就可以实现。在使用 return 语句时，函数会停止执行，并返回指定的值，语法如下：

```
function myFunction()
{
    var x=5;
    return x;
}
```

程序运行后，上面的函数会返回数值 5。带返回值的函数在调用后，将会被返回值返回，我们可以采用变量来接收该返回值，代码如下：

```
var myVar=myFunction();
```

myVar 变量的值是 5，也就是函数 myFunction() 所返回的值。即使不把它保存为变量，我们也可以使用返回值，如：

```
document.getElementById("demo").innerHTML=myFunction();
```

"demo"元素的 innerHTML 将成为 5，也就是函数 myFunction() 所返回的值。

如要退出并且终止程序执行，可以使用 return 语句终止程序。函数的返回值是可选的：

```
function myFunction(a,b){if(a>b){return; }x=a+b}
```

如果 a 大于 b，则上面的代码将退出函数，并不会计算 a 和 b 的总和。

5.3 JavaScript 常用对象

JavaScript 提供了内置的对象以实现特定的功能，其常用对象有数组对象、文档对象和浏览器对象模型、JSON 对象等。本节介绍部分 JavaScript 常用内置对象的使用。

5.3.1 数组对象

数组对象的作用：使用单独的变量名来存储一系列的值。步骤为创建数组、为其赋值，例如如果我们有一组数据（如车名字），存在单独变量如下所示：

```
var car1="Saab";
var car2="Volvo";
var car3="BMW";
```

关于数组对象的访问：数组可以用一个变量名存储所有的值，并且可以用变量名访问任何一个值。数组中的每个元素都有自己的 id，其目的是方便数组元素的访问。

创建一个数组，有三种方法。下面的代码定义了一个名为 myCars 的数组对象：

(1) 常规方式：

```
var myCars=new Array();
myCars[0]="Saab";
myCars[1]="Volvo";
myCars[2]="BMW";
```

(2) 简洁方式：

```
var myCars=new Array("Saab","Volvo","BMW");
```

(3) 字面方式：

```
var myCars=["Saab","Volvo","BMW"];
```

通过指定数组名以及索引值，我们可以访问某个特定的元素。以下实例可以访问 myCars 数组的第一个值，[0] 是数组的第一个元素，[1] 是数组的第二个元素。

```
var name=myCars[0];
```

以下实例修改了数组 myCars 的第一个元素：

```
myCars[0]="Opel";
```

所有的 JavaScript 变量都是对象，数组元素是对象，函数也是对象，因此数组中有不同的变量类型。我们可以在一个数组中包含对象元素、函数、数组：

```
myArray[0]=Date.now; myArray[1]=myFunction; myArray[2]=myCars;
```

Array 对象属性如表 5-1 所示。

表 5-1　Array 对象属性

方　　法	描　　述
concat()	连接两个或更多的数组，并返回结果
copyWithin()	从数组的指定位置拷贝元素到数组的另一个指定位置中
every()	检测数值元素的每个元素是否都符合条件
fill()	使用一个固定值来填充数组

续表

方　法	描　述
filter()	检测数值元素，并返回符合条件的所有元素的数组
find()	返回符合传入测试（函数）条件的数组元素
findIndex()	返回符合传入测试（函数）条件的数组元素索引
forEach()	数组每个元素都执行一次回调函数
includes()	判断一个数组是否包含一个指定的值
indexOf()	搜索数组中的元素，并返回它所在的位置
join()	把数组的所有元素放入一个字符串
lastIndexOf()	返回一个指定的字符串值最后出现的位置，在一个字符串中的指定位置从后向前搜索
map()	通过指定函数处理数组的每个元素，并返回处理后的数组
pop()	删除数组的最后一个元素并返回删除的元素
push()	向数组的末尾添加一个或更多元素，并返回新的长度
reduce()	将数组元素计算为一个值（从左到右）
reduceRight()	将数组元素计算为一个值（从右到左）
reverse()	反转数组的元素顺序
shift()	删除并返回数组的第一个元素
slice()	选取数组的一部分，并返回一个新数组
some()	检测数组元素中是否有元素符合指定条件
sort()	对数组的元素进行排序
splice()	从数组中添加或删除元素
toString()	把数组转换为字符串，并返回结果
unshift()	向数组的开头添加一个或更多元素，并返回新的长度
valueOf()	返回数组对象的原始值

使用数组对象预定义属性和方法：

```
var x=myCars.length              // myCars 中元素的数量
var y=myCars.indexOf("Volvo")    // "Volvo" 值的索引值
```

【例 5-7】　创建一个新的方法开发实例。

```
Array.prototype.myUcase=function(){
    for (i=0;i<this.length;i++){
        this[i]=this[i].toUpperCase();
    }
}
var myCars= ["Banana", "Orange", Apple", "Mango"] ;
MyCars.MyUcase()
```

程序运行效果如图 5-3 所示，本例创建了新的数组方法用于将数组小写字符转为大写字符。

`BANANA,ORANGE,APPLE,MANGO`

图 5-3　例 5-7 运行效果图

5.3.2　文档对象

文档 (Document) 对象使设计人员可以从脚本中对 HTML 页面的元素进行访问，是 Window 对象的一部分，通过 window.document 属性对其进行访问。

HTML DOM(Document Object Model，文档对象模型) 接口对 Document 对象接口进行了扩展，其功能主要是定义 HTML 专用的属性，可访问 JavaScript HTML 文档的所有元素。当网页被加载时，浏览器会创建页面的文档对象模型。

HTML DOM 的结构树，如图 5-4 所示。

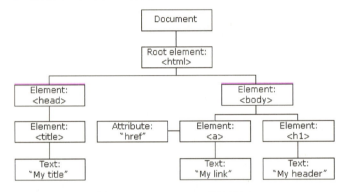

图 5-4　HTML DOM 的结构树

在前端页面开发中，查找页面元素主要有三种方式：通过 id 查找 HTML 元素、通过标签名查找 HTML 元素、通过类名查找 HTML 元素。

【例 5-8】　通过 id 查找 HTML 元素开发实例。

`var x=document.getElementById("intro");`

在 DOM 中查找 HTML 元素的最简单的方法是通过使用元素的 id。如果找到该元素，则该方法将以对象 (在 x 中) 的形式返回该元素；如果未找到该元素，则 x 将包含 null。

你好世界!

该实例展示了 **getElementById** 方法!

文本来自 id 为 intro 段落: 你好世界!

图 5-5　例 5-8 运行效果图

程序运行效果如图 5-5 所示，本例为查找 id="intro" 的元素。

【例 5-9】　通过标签名查找 HTML 元素开发实例。

```
var x=document.getElementById("main");
var y=x.getElementsByTagName("p");
```

程序运行效果如图 5-6 所示，本例查找 id="main" 的元素，然后查找 id="main" 元素中的所有 <p> 元素。

你好世界!

DOM 是非常有用的。

该实例展示了 **getElementsByTagName** 方法

id="main"元素中的第一个段落为：DOM 是非常有用的。

图 5-6　例 5-9 运行效果图

【例 5-10】　通过类名查找 HTML 元素开发实例。

`var x=document.getElementsByClassName("intro");`

程序运行效果如图 5-7 所示，本例通过 getElementsByClassName 函数来查找 class=

"intro" 的元素。

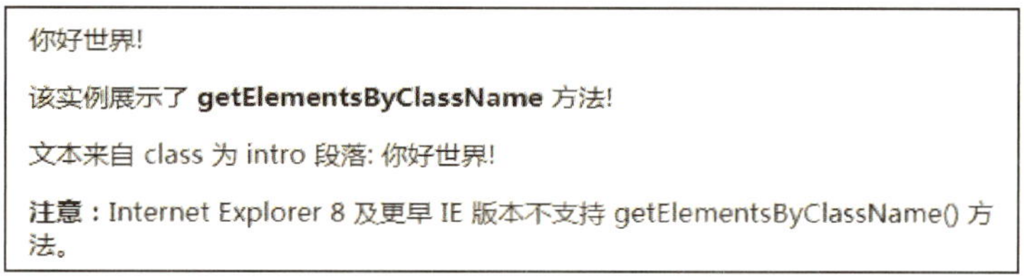

> 你好世界!
>
> 该实例展示了 **getElementsByClassName** 方法!
>
> 文本来自 class 为 intro 段落: 你好世界!
>
> **注意**: Internet Explorer 8 及更早 IE 版本不支持 getElementsByClassName() 方法。

图 5-7　例 5-10 运行效果图

5.3.3　浏览器对象模型

浏览器对象模型 (Browser Object Model，BOM) 使 JavaScript 有能力与浏览器 "对话"。浏览器对象模型尚无正式标准。由于现代浏览器已经 (几乎) 实现了 JavaScript 交互性方面的相同方法和属性，因此常被认为是 BOM 的方法和属性。

Window 对象表示一个浏览器窗口或一个框架。在客户端 JavaScript 中，Window 对象是全局对象，所有的表达式都在当前的环境中计算，也就是说，要引用当前窗口，根本不需要特殊的语法，可以把那个窗口的属性作为全局变量来使用，例如可以只写 document，而不必写 window.document，同样，可以把当前窗口对象的方法当作函数来使用，如只写 alert() 而不必写 window.alert()。

所有浏览器都支持 Window 对象，它表示浏览器窗口所有 JavaScript 全局对象、函数以及变量均自动成为 Window 对象的成员。全局变量是 Window 对象的属性，全局函数是 Window 对象的方法，甚至 HTML DOM 的 document 也是 Window 对象的属性之一：

```
window.document.getElementById("header");
```

与此相同：

```
document.getElementById("header");
```

1. Window 对象属性

Window 对象属性如表 5-2 所示。

表 5-2　Window 对象属性

属　　性	描　　述
closed	返回窗口是否已被关闭
defaultStatus	设置或返回窗口状态栏中的默认文本
document	对 document 对象的只读引用，请参阅 document 对象
history	对 history 对象的只读引用，请参阅 history 对象
innerheight	返回窗口的文档显示区的高度
innerwidth	返回窗口的文档显示区的宽度
length	设置或返回窗口中的框架数量
location	用于窗口或框架的 location 对象，请参阅 location 对象
name	设置或返回窗口的名称
navigator	对 navigator 对象的只读引用，请参阅 navigator 对象

续表

属 性	描 述
opener	返回对创建此窗口的引用
outerheight	返回窗口的外部高度
outerwidth	返回窗口的外部宽度
pageXOffset	设置或返回当前页面相对于窗口显示区左上角的 X 位置
pageYOffset	设置或返回当前页面相对于窗口显示区左上角的 Y 位置
parent	返回父窗口
screen	对 screen 对象的只读引用，请参阅 screen 对象
self	返回对当前窗口的引用，等价于 Window 属性
status	设置窗口状态栏的文本
top	返回最顶层的先辈窗口
Window	Window 属性等价于 self 属性，它包含了对窗口自身的引用
screenLeft screenTop screenX screenY	只读整数。声明了窗口的左上角在屏幕上的 x 坐标和 y 坐标。IE、Safari 和 Opera 支持 screenLeft 和 screenTop，而 Firefox 和 Safari 支持 screenX 和 screenY

2. Window 对象方法

Window 对象方法如表 5-3 所示。

表 5-3 Window 对象方法

方 法	描 述
alert()	显示带有一段消息和一个确认按钮的警告框
blur()	把键盘焦点从顶层窗口移开
clearInterval()	取消由 setInterval() 设置的 timeout
clearTimeout()	取消由 setTimeout() 方法设置的 timeout
close()	关闭浏览器窗口
confirm()	显示带有一段消息以及确认按钮和取消按钮的对话框
createPopup()	创建一个 pop-up 窗口
focus()	把键盘焦点给予一个窗口
moveBy()	可相对窗口的当前坐标把它移动到指定的像素
moveTo()	把窗口的左上角移动到一个指定的坐标
open()	打开一个新的浏览器窗口或查找一个已命名的窗口
print()	打印当前窗口的内容
prompt()	显示可提示用户输入的对话框

续表

方　法	描　　述
resizeBy()	按照指定的像素调整窗口的大小
resizeTo()	把窗口的大小调整到指定的宽度和高度
scrollBy()	按照指定的像素值来滚动内容
scrollTo()	把内容滚动到指定的坐标
setInterval()	按照指定的周期 (以毫秒计) 来调用函数或计算表达式
setTimeout()	在指定的毫秒数后调用函数或计算表达式

【例 5-11】　实用的 JavaScript 方案 (涵盖所有浏览器) 开发实例。

```
var w=window.innerWidth
|| document.documentElement.clientWidth
|| document.body.clientWidth;
var h=window.innerHeight
|| document.documentElement.clientHeight
|| document.body.clientHeight;
```

有以上三种方法能够确定浏览器窗口的尺寸。

对于 Internet Explorer、Chrome、Firefox、Opera 以及 Safari：

```
window.innerHeight - 浏览器窗口的内部高度 ( 包括滚动条 )
window.innerWidth - 浏览器窗口的内部宽度 ( 包括滚动条 )
```

对于 Internet Explorer 8、7、6、5：

```
document.documentElement.clientHeight
document.documentElement.clientWidth
```

或者

```
document.body.clientHeight
document.body.clientWidth
```

浏览器window宽度: 607, 高度: 300。

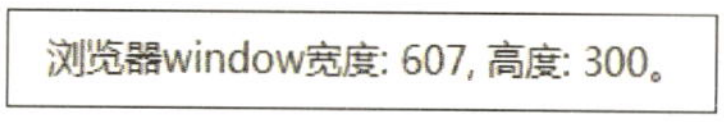

图 5-8　例 5-11 运行效果图

程序运行效果如图 5-8 所示，该例用兼容的方式显示浏览器窗口的高度和宽度 (不包括工具栏 / 滚动条)。

5.3.4　JSON 对象

JSON(JavaScript Object Notation)，是一种轻量级的数据交换格式，用于存储和传输数据的格式，通常用于服务端向网页传递数据。以下 JSON 语法定义了 sites 对象：3 条网站信息 (对象) 的数组：

```
{"sites":
[{"name":"Runoob", "url":"www.runoob.com"},
{"name":"Google", "url":"www.google.com"},
{"name":"Taobao", "url":"www.taobao.com"}]
}
```

JSON 语法规则：

(1) 数据为键 / 值对；

(2) 数据由逗号分隔；

(3) 大括号保存对象；

(4) 方括号保存数组。

1. JSON 数据：一个名称对应一个值

JSON 数据格式为键/值对，就像 JavaScript 对象属性。键/值对包括字段名称 (在双引号中)，后面跟一个冒号，然后是值，如：

```
"name":"Runoob"
```

2. JSON 对象

JSON 对象保存在大括号内。就像在 JavaScript 中，对象可以保存多个键/值对，如：

```
{"name":"Runoob", "url":"www.runoob.com"}
```

3. JSON 数组

JSON 数组保存在中括号内，就像在 JavaScript 中，数组可以包含对象，如：

```
"sites":[ {"name":"Runoob", "url":"www.runoob.com"}, {"name":"Google", "url":"www.google
.com"}, {"name":"Taobao", "url":"www.taobao.com"} ]
```

在以上实例中，对象 "sites" 是一个数组，包含了三个对象。每个对象为站点的信息 (网站名和网站地址)。

(1) 相关函数如表 5-4 所示。

表 5-4　JSON 数组相关函数

函　　数	描　　述
JSON.parse()	用于将一个 JSON 字符串转换为 JavaScript 对象
JSON.stringify()	用于将 JavaScript 值转换为 JSON 字符串

(2) JSON 字符串转换为 JavaScript 对象。

通常我们从服务器中读取 JSON 数据，并在网页中显示这些数据。简单起见，我们网页中直接设置 JSON 字符串。

首先，创建 JavaScript 字符串，字符串为 JSON 格式的数据：

```
var text = '{"sites" : [' + '{ "name":"Runoob", "url":"www.runoob.com"},' + '{"name":"Google" ,
"url":"www.google.com"},' + '{ "name":"Taobao", "url":"www.taobao.com"} ]}';
```

然后，使用 JavaScript 内置函数 JSON.parse() 将字符串转换为 JavaScript 对象：

```
var obj = JSON.parse(text);
```

最后，在我们的页面中使用新的 JavaScript 对象。

【例 5-12】 JSON 字符串转换为 JavaScript 对象开发实例。

```
<h2> 为 JSON 字符串创建对象 </h2>
<p id="demo"></p>
<script>
var text = '{ "sites" : [' +
        '{ "name":"Runoob" , "url":"www.runoob.com" },'+
        '{ "name":"Google", "url":"www.google.com"},'+
        '{ "name":"Taobao" , "url":"www.taobao.com"} ]}';
obj = JSON.parse(text);
```

Google www.google.com

图 5-9　例 5-12 运行效果图

> document.getElementById("demo").innerHTML = obj.sites[1].name + "" + obj.sites[1].url;
> </script>

程序运行效果如图 5-9 所示。

课 后 习 题

一、1+X 知识点自我测试

1. String 对象的方法不包括 (　　)。

A. charAt()　　　　　B. substring()　　　　C. toUpperCase()　　　D. length()

2. javaScript 的表达式 parseInt("8")+parseInt('8') 的结果是 (　　)。

A. 8+8　　　　　　　B. 88　　　　　　　　C. 16　　　　　　　　D. "8"+'8'

3. 以下不属于浏览器对象的有 (　　)。

A. Date　　　　　　　B. Window　　　　　　C. document　　　　　D. location

4. 以下选项中，可以用于创建节点元素的函数是 (　　)。

A. create　　　　　　　　　　　　　　　B. createElement

C. getElementById　　　　　　　　　　　D. getElementsByName

5. 以下 (　　) 可以代替 history.forward() 的功能。

A. history.go(0)　　　B. history.go(-1)　　　C. history.go(1)　　　D. history.go(2)

二、案例演练：表格数据搜索设计

【设计说明】演示效果如图 5-10 所示，当在搜索框中输入搜索的内容，出现如图 5-11 所示的搜索结果。该效果可应用到一些网页搜索功能等实际应用场景中。

图 5-10　表格数据未搜索之前状态

图 5-11　表格数据搜索后状态

第 6 章　JavaScript 开发实例

HTML5、CSS3、JavaScript 三者共同构成多彩页面，它们使得网页包含更多活跃的元素和更加精彩的内容。将 JavaScript 程序嵌入 HTML5 文档中，与 HTML5 标签相结合，对网页元素进行控制，对用户操作进行响应，从而实现网页动态交互效果，这种特殊效果通常称为网页特效。在网页中添加一些恰当的特效，使页面具有一定的动态效果，可提高网页的观赏性和实用性。本章主要是使用了一些开发实例来介绍 HTML5 中的一些新元素。

6.1　Canvas 绘图开发实例

HTML5 规范引进了许多新特性，其中最让人期待的就是 Canvas 标签。HTML5 中的 Canvas 标签提供了 JavaScript 绘制图形的方法。该方法使用简单，功能强大，可以通过它来动态生成和展示图形、图表、图像以及动画，还可以制作很多游戏。

6.1.1　定义 Canvas 标签

canvas 标签定义图形，比如图表和其他图像，必须使用脚本来绘制图形。如图 6-1 所示，在画布 (Canvas) 上，通过代码绘制了红色矩形、渐变矩形、彩色矩形、彩色的文字。

一个画布在网页中是一个矩形框，通过 canvas 标签来绘制。

【例 6-1】　创建一个画布 (Canvas) 开发实例。

图 6-1　Canvas 标签定义图形效果

```
<!DOCTYPE html>
<html>
<body>
<canvas id="myCanvas" width="200" height="100" style="border:1px solid #000000;">
我们的浏览器不支持 HTML5 canvas 标签。
</canvas>
</body>
</html>
```

默认情况下 canvas 标签没有边框和内容，可以使用 style 属性来添加边框。标签通常需要指定一个 id 属性 (脚本中经常引用)，如通过指定 width 和 height 属性来定义画布的大小。

　　提示：可以在 HTML 页面中使用多个 canvas 标签。

　　例 6-1 的程序运行效果如图 6-2 所示，定义了一个宽 200 像素、高 100 像素的矩形画图框。

　　创建 Canvas 和获取了 Canvas 环境上下文之后，就可以开始进行绘图了，绘图的方式有两类：一类是进行图形绘制，另一类是图形的处理。

图 6-2　例 6-1 运行后的效果图

6.1.2　绘制 Canvas 路径

　　所谓基本图形，就是指线、矩形、圆等最简单的图形。任何复杂的图形都是由这些简单的图形组合而成的。如何通过 Canvas 标签绘制线条呢？在 Canvas 上绘制线，先采用 moveTo(x,y) 定义线条开始坐标，再使用 lineTo(x,y) 定义线条结束坐标。特别注意，绘制线条必须使用"ink"方法。

　　【例 6-2】　使用 moveTo 与 lineTo 绘制复杂图形开发实例。

```
<!DOCTYPE html>
<html>
<head lang="en">
<meta charset="utf-8">
<title></title>
<script>
function draw(id){
        var canvas = document.getElementById(id);
        var context = canvas.getContext("2d");
         context.fillStyle = "#eeeeef";                  // 设置绘图区域颜色
         context.fillRect(0,0,300,400);                 // 画矩形
        var dx = 150;
        var dy = 150;
        var s =100;
         context.beginPath();                           // 开始绘图
         context.fillStyle = "rgb(100,255,100)";        // 设置绘图区域颜色
         context.strokeStyle = "rgb(0,0,100)";          // 设置线条颜色
        var x = Math.sin(0);
        var y = Math.coas(0);
        var dig = Math.PI / 15*11;
         for(var i = 0; i<30; i++){                     // 不断地旋转来绘制线条
                var x = Math.sin(i*dig);
                var y = Math.cos(i*dig);
                context.LineTo(dx+x*s,dy+y*s);
         }
        context.closePath();
        context.fill();
        context.stroke();
     }
```

```
</script>
</head>
<body onload="draw('canvas')">
<!--move to line to-->
<canvas id="canvas" width="300" height="400"></canvas>
</body>
</html>
```

图 6-3 例 6-2 的运行效果图

本案例主要是将光标移动到指定坐标点，绘制直线的时候以这个坐标点为起点，moveTo(x,y) 画图到 x、y 轴的位置，利用循环与 moveTo 和 lineTo 形成复杂结果，例 6-2 的运行效果如图 6-3 所示。

【例 6-3】 使用 rect( ) 绘制 Canvas 矩形开发实例。

```
<script>
var c=document.getElementById("myCanvas");
var ctx=c.getContext("2d");
ctx.rect(20,20,150,100);
ctx.stroke();
</script>
```

本案例主要使用 rect( ) 方法在画布上实际地绘制矩形。其对应的语法格式如表 6-1 所示，参数值如表 6-2 所示。

表 6-1 rect( ) 语法

JavaScript 语法	context.rect(x,y,width,height);

表 6-2 rect( ) 参数

参 数	描 述
x	矩形左上角的 x 坐标
y	矩形左上角的 y 坐标
width	矩形的宽度，以像素计
height	矩形的高度，以像素计

程序运行效果如图 6-4 所示。

【例 6-4】 使用 fillRect() 绘制 Canvas 矩形开发实例。

```
<script>
var c=document.getElementById("myCanvas");
var ctx=c.getContext("2d");
ctx.fillRect(20,20,150,100);
</script>
```

本案例使用 fillRect() 方法绘制"已填充"的矩形。默认的填充颜色是黑色，对应的语法格式如表 6-3 所示，参数值如表 6-4 所示。

提示：可以使用 fillStyle 属性来设置用于填充绘图的颜色、渐变或模式。

表 6-3   fillRect () 语法

JavaScript 语法	context.fillRect(x,y,width,height);

表 6-4   fillRect () 参数

参　数	描　　述
x	矩形左上角的 x 坐标
y	矩形左上角的 y 坐标
width	矩形的宽度，以像素计
height	矩形的高度，以像素计

程序运行效果如图 6-4 所示。

图 6-4   例 6-3 和 6-4 运行后的效果图

【例 6-5】   使用 arc( ) 绘制 Canvas 圆形开发实例。

```
<script>
var c=document.getElementById("myCanvas");
var ctx=c.getContext("2d");
ctx.beginPath();
ctx.arc(95,50,40,0,2*Math.PI);
ctx.stroke();
</script>
```

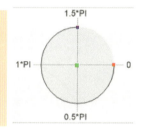

图 6-5   arc ( ) 角度图

在画布标签中绘制圆形，通过 arc( ) 方法创建圆。如图 6-5 所示，如需通过 arc( ) 来创建圆，则将起始角设置为 0，结束角设置为 2*Math.PI。使用 stroke( ) 或 fill( ) 方法在画布上绘制实际的弧对应的语法格式如表 6-5 所示，参数值如表 6-6 所示。例如 arc(100,75,50,0*Math.PI,1.5*Math.PI) 中，中心为 (100, 75)，起始角为 0 * Math.PI，结束角为 1.5*Math.PI。

表 6-5   arc ( ) 语法

JavaScript 语法	context.arc(x,y,r,sAngle,eAngle,counterclockwise);

表 6-6   arc ( ) 参数

参　数	描　　述
x	圆的中心的 x 坐标
y	圆的中心的 y 坐标
r	圆的半径
sAngle	起始角，以弧度计 (弧的圆形的三点钟位置是 0 度)
eAngle	结束角，以弧度计
counterclockwise	可选。规定应该逆时针还是顺时针绘图。False＝顺时针，true＝逆时针

例 6-5 的程序运行效果如图 6-6 所示。

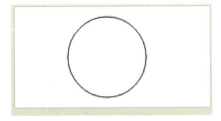

图 6-6　例 6-5 运行效果图

【例 6-6】　使用 arc( ) 函数绘制复杂的 Canvas 圆形开发实例。

```
<!DOCTYPE html>
<html lang="en">
<head>
<meta charset="UTF-8">
<title></title>
<script>
    function draw(id){
        var canvas = document.getElementById(id);
        if(canvas = = null){
            return false;
        }
        var context = canvas.getContext("2d");
        context.fillStyle = "#eeeeef";
        context.fillRect(0,0,600,700);
        for(var i =0; i<=10; i++){// 循环绘制圆形
            context.beginPath();
            context.arc(i*25,i*25,i*10,0,Math.PI*2,true);
            context.closePath();
            context.fillStyle = "rgba(255,0,0,0.25)";
            context.fill();
        }
    }
</script>
</head>
<body onload="draw('canvas')">
<canvas id="canvas" width="300" height="400"></canvas>
</body>
</html>
```

图 6-7　例 6-6 运行效果图

本案例主要说明用 HTML5 绘制圆形的方法，程序运行效果如图 6-7 所示。

6.1.3　Canvas 图片

无论开发的是应用程序还是游戏软件，都离不开图片，没有图片就无法让整个页面漂亮起来。开发 HTML5 游戏的时候，游戏中的地图、背景、人物、物品等都是由图片组成的，所以图片的显示和操作都非常重要。本节主要使用 Canvas drawImage 函数、getImageData 和 putImageData 绘制图片，使用 createImageData 新建图片像素。

下面主要用案例来说明 DrawImage 的使用过程。

【例 6-7】 使用 drawImage( ) 函数在画布上绘制图片的开发实例。

```
<body>
img 标签：<br />
<imgsrc="images/image.jpg"></img>
<br />Canvas 画板：<br />
<canvas id="myCanvas" width="400" height="400">
你的浏览器不支持 HTML5
</canvas>
<script type="text/javascript">
var c=document.getElementById("myCanvas");
varctx=c.getContext("2d");
var image = new Image();
image.src = "images/image.jpg";
image.onload = function(){
ctx.drawImage(image,10,10);
ctx.drawImage(image,110,10,110,110);
ctx.drawImage(image,10,10,50,50,210,10,150,150);
};
</script>
</body>
```

drawImage() 函数在 Canvas 画布上可以绘制图像、画布或视频，也能够绘制图像的某些部分，增加或减少图像的尺寸，对应的语法格式如表 6-7 ～表 6-9 所示，参数如表 6-10 所示。

(1) 在画布上定位图像的语法如表 6-7所示。

表 6-7　drawImage ( ) 语法 1

JavaScript 语法	context.drawImage(img,x,y);

(2) 在画布上定位图像，并规定图像的宽度和高度的语法如表 6-8所示。

表 6-8　drawImage ( ) 语法 2

JavaScript 语法	context.drawImage(img,x,y,width,height);

(3) 剪切图像，并在画布上定位被剪切的部分的语法如表 6-9所示。

表 6-9　drawImage ( ) 语法 3

JavaScript 语法	context.drawImage(img,sx,sy,swidth,sheight,x,y,width,height);

(4) 表 6-10 为各参数的使用方法。

表 6-10　drawImage ( ) 参数

参　数	描　　述
img	规定要使用的图像、画布或视频
sx	可选。开始剪切的 x 坐标位置
sy	可选。开始剪切的 y 坐标位置

续表

参　数	描　　述
swidth	可选。被剪切图像的宽度
sheight	可选。被剪切图像的高度
x	在画布上放置图像的 x 坐标位置
y	在画布上放置图像的 y 坐标位置
width	可选。要使用的图像的宽度 (伸展或缩小图像)
height	可选。要使用的图像的高度 (伸展或缩小图像)

在程序中，通过"<img src="images/image.jpg"></img>"代码设置图像标签，然后用于 Canvas drawIamge( ) 函数画出 image.jpg 效果图，用 img 标签的原图与用 drawlamege( ) 函数画出的图像进行对比。

```
ctx.drawImage(image,10,10);
```
上述代码表示从坐标 (10,10) 的位置绘制 image.jpg 图片。

```
ctx.drawImage(image,110,10,110,110);
```
上述代码表示从坐标 (110,10) 位置绘制整张 image.jpg 图片到长 110、宽 110 的矩形区域内。所以本例的运行效果会有一定的拉升感。

```
ctx.drawImage(image,10,10,50,50,210,10,150,150);
```
上述代码表示将 image.jpg 图片从 (10,10) 坐标位置截取 (50,50) 的宽度和高度，然后将截取到的图片从坐标 (210,10) 位置开始绘制，放到长 110、宽 110 的矩形区域内。例 6-7 的程序运行效果如图 6-8 所示。

图 6-8　例 6-7 的程序运行效果图

6.1.4　Canvas 开发实例——帧动画效果

【例 6-8】　帧动画效果开发实例。

(1) 构建基本窗口代码如下：

```
<!DOCTYPE html>
<meta charset="utf-8"/>
<style type="text/css">
body{text-align:center;}
    #c1{border:1px dotted black}
</style>
<body>
<h2> 超级玛丽动画效果 </h2>
<img id="img1" src="images/image.png" />
<input id="btnGO" type="button" value=" 开始 " /><br>
<canvas id="c1" width="320" height="200"></canvas><br>
</body>
</html>
```

(2) 构建超级玛丽动画效果代码如下：

```
<script>
varisAnimStart = false;                    // 是否开始动画
varMarioMovie = null;                      // 动画函数
varframen = 0;                             // 图片切割个数
var frames = [];                           // 保存每帧动画起始坐标，本例图片共有 16 帧
for (framen=0; framen<15; framen++ ) {
        frames[framen] = [32*framen, 0];
 }
// 定义每帧图像的宽度和高度
varfWidth = 32,
fHeight = 32;
function $(id)
{
    returndocument.getElementById(id);
}
functioninit()
{
    // 响应 onclick 事件
      $("btnGO").onclick=function()
    {
        // 如果没开始动画，则开始动画
        if(!isAnimStart)
        {
            varctx = $("c1").getContext("2d");
            varfIndex = 0;
            varcX = 160,
            cY = 100;
            animHandle = setInterval(function(){
                ctx.clearRect(0,0,320,200);
                ctx.drawImage(img1,
                frames[fIndex][0],frames[fIndex][1],fWidth,fHeight,
                cX-64,cY-64,fWidth*4,fHeight*4);
                fIndex++;
                if(fIndex>=frames.length)
                {
                    fIndex = 0;
                }
                },100)
                $("btnGO").value = " 停止 ";
                isAnimStart = true;
        }
        else
            {
            $("btnGO").value = " 开始 ";
            clearInterval(animHandle);
```

```
                        isAnimStart = false;
                    }
                }
            }
        init();
        </script>
```

该例子实现了超级玛丽行走、蹲下等的效果，主要原理是采用一秒钟连续放映 20 张静态图片的方式形成了动态效果。本例中主要用 drawImage( ) 函数实现画图效果，用 setInterval( ) 函数实现循环播放，用 clearInterval( ) 函数实现动画的停止。

for (framen=0; framen<15; framen++) {frames[framen] = [32*framen, 0];} 表示将 image.png 图片进行坐标切割，形成 15 个不同的超级玛丽状态图，并把每个图片的横纵坐标放入 frames[] 参数中。

ctx.clearRect(0,0,320,200); ctx.drawImage(img1,frames[fIndex][0], frames[fIndex][1], fWidth,fHeight,cX-64,cY-64,fWidth*4,fHeight*4); 表示清空画布后，把当前序列号为 Index 的图片画到 (cX-64,cY-64) 的位置上，且 (fWidth*4,fHeight*4) 表示高度和宽度放大四倍。

fIndex++;if(fIndex>=frames.length){fIndex = 0;} 表示 15 个图像都循环显示完成之后，又从第一个图像开始循环显示。

MarioMovie = setInterval(function(){},100)表示setInterval 函数让函数体 function 里面的代码以 100 毫秒的速度周期执行，可以调整毫秒值来使帧速度变快或者变慢。

clearInterval(MarioMovie); 表 示 clearInterval() 函数停止 MarioMovie 的动作循环效果。

例 6-8 的程序运行效果如图 6-9 所示。

图 6-9　例 6-8 的程序运行效果图

6.2　网页数据存储 Web Storage 开发实例

当我们在制作网页时，会希望记录一些信息，例如用户登录状态、计数器或者小游戏等，但是又不希望用到数据库，就可以利用 Web Storage 技术将数据存储在用户浏览器中。

6.2.1　认识 Web Storage

Web Storage 是一种将少量数据存储在客户端 (client) 硬盘的技术。只要支持 Web Storage API 规格的浏览器，网页设计者都可以使用 JavaScript 来操作它。使用 HTML5 可以在本地存储用户的浏览数据。早些时候，本地存储使用的是 Cookie，但是 Web 存储需要更加的安全与快速，这些数据不会被保存在服务器上，而只用于用户请求网站数据上。它也可以存储大量的数据，而不影响网站的性能。数据以键 / 值对存在，Web 网页的数据只允许该网页访问使用。

Web Storage 在浏览器的 API 有两个：localStorage 和 sessionStorage，它们存在于 window 对象中。localStorage 对应 window.localStorage，sessionStorage 对应 window .sessionStorage。

(1) localStorage ——用于长久保存整个网站的数据，保存的数据没有过期时间，直到手动去除。

(2) sessionStorage ——用于临时保存同一窗口或标签页的数据，在关闭窗口或标签页之后将会删除这些数据。

在使用 Web 存储前，应检查浏览器是否支持 localStorage 和 sessionStorage:

```
if(typeof(Storage)!=="undefined")
{ // 是的！支持 localStorage sessionStorage 对象！// 一些代码 ..... }
Else
    { // 抱歉！不支持 Web 存储。}
```

当浏览器不支持 Web Storage 时，就会弹出警告窗口，如果支持就执行 localStorage 和 sessionStorage 程序代码。

目前 Internet Explorer 8+、Firefox、Opera、Chrome 和 Safari 都支持 Web Storage。需要注意的是，Internet Explorer 和 Firefox 测试时需要把文件上传到服务器或 localhost 才能运行，建议测试时使用 Google Chrome 浏览器。

6.2.2　localStorage 和 sessionStorage

localStorage 和 sessionStorage 基本使用方法如图 6-10 所示。这里的作用域指的是如何隔离开不同页面之间的 localStorage(例如我们不能在百度的页面上读到腾讯的 localStorage)。

localStorage 只要在相同的协议、相同的主机名、相同的端口下，就能读取 / 修改到同一份 localStorage 数据。

图 6-10　localStorage 和 sessionStorage 基本使用方法

sessionStorage 比 localStorage 更严苛一点，除了相同的协议、主机名、端口外，还要求在同一窗口 (也就是浏览器的标签页) 下。

localStorage 的生命周期及其有效范围与 Cookie 类似，它的生命周期由网页程序设计者自行制定，不会随着浏览器的关闭而消失，适合用于数据需要分页或跨窗口的场合。关闭浏览器之后除非主动清除数据，否则 localStorage 数据会一直存在；sessionStorage 在关闭浏览器窗口或分页 (tab) 后数据就会消失，数据也仅对当前窗口或分页有效，适合于暂时保存数据的场合。

在 HTML5 标准中，Web Storage 只允许存储字符串数据，不管是 localStorage 还是 sessionStorage，可使用的 API 都相同。

1. 访问 localStorage 的方法

localStorage 对象存储的数据没有时间限制。第二天、第二周或下一年之后，数据依然可用。访问方式有三种：Storage 对象的 setItem 和 getItem 方法、数组索引方法和属性操作方法。

1) 存储语法

存储使用 setItem 方法，格式如下：

```
window.localStorage.setItem(key, value);
```

例如，我们想指定一个 localStorage 变量 userdata，并指定它的值为 " 菲子的个人主页 "，程序代码可写为：window.localStorage.setItem("userdata", " 菲子的个人主页 ");

数组索引方法，格式如下：

```
window.localStorage["userdata"] = " 菲子的个人主页 ";
```

属性操作方法，格式如下：

```
window.localStorage.userdata = " 菲子的个人主页 ";
```

2）读取语法

当我们想读取 userdata 数据时，使用 getItem 方法，格式如下：

```
window.localStorage.getItem(key);
```

例如：var value1 = window.localStorage.getItem("userdata");

数组索引读取语法：

```
var value2 = window.localStorage["userdata"];
```

属性方法读取语法：

```
var value3 = window.localStorage.userdata;
```

3）删除语法

要删除一条 localStorage 数据，可以调用 localStorage.removeItem(key) 方法或 delete 属性进行操作，例如：

```
localStorage.removeItem("username");
delete localStorage.removeItem.username;
delete localStorage.removeItem("username");
```

要想删除 localStorage 全部数据，可以使用 clear() 方法。

【例 6-9】 访问 localStorage 的方法开发实例。

```
<!DOCTYPE html>
<html>
<head>
<title> 访问 localStorage 的方法实例 </title>
<link rel=stylesheet type="text/css" href="color.css">
<script type="text/javascript">
function isLoad() {
    if(typeof(Storage)=="undefined")
    {
        alert("Sorry!! 我们的浏览器不支持 Web Storage");
    }else{
        btn_save.addEventListener("click", saveToLocalStorage);
        btn_load.addEventListener("click", loadFromLocalStorage);
        btn_clear.addEventListener("click", clearLocalStorage);
    }
}
function saveToLocalStorage(){
    localStorage.username = inputname.value;
}
function loadFromLocalStorage(){
    show_LocalStorage.innerHTML= localStorage.username+" 我们好 ~ 欢迎来我的网站 ~";
}
```

```
function clearLocalStorage(){
    localStorage.clear();
    show_LocalStorage.innerHTML=localStorage.username;
}
</script>
</head>
<body>
<body onload="isLoad()">
<img src="images/welcome.jpg" /><br />
    请输入我们的姓名：<input type="text" id="inputname" value=""><br />
    <div id="show_LocalStorage"></div><br />
    <button id="btn_save"> 保存至 local storage</button>
    <button id="btn_load"> 从 local storage 获取资料 </button>
    <button id="btn_clear"> 清除 local storage 资料 </button>
</body>
</html>
```

当用户输入姓名，并单击"保存至 localStorage"按钮时，代码 localStorage.username = inputname.value; 数据就会被存储到 localStorage 列表中，打开 Chrome 浏览器开发者工具中 "Application"中的 localStorage 选项可以看到保存的所有 localStorage 数据的 key 和 value 的键值对信息；当单击"从 localStorage 获取资料"按钮时，代码 localStorage .username 就会将名字显示出来，如图 6-11 所示。

图 6-11　从缓存区保存和获取文件

当读者将浏览器窗口关闭，重新打开该 HTML 文件，再单击"从 localStorage 获取资料"按钮时，会发现存储的 localStorage 数据一直都在，不会因为关闭浏览器而消失，如图 6-12 所示。

点击"清除 localStorage 资料"按钮，存储 localStorage 列表中的"username"数据就被清除了，打开 Chrome 浏览器开发者工具中"Application"中的 localStorage 选项可以看到保存在 localStorage 数据的 key 和 value 的键值对信息中已经没有"username"的数据了，页面中"username"显示的位置变为"undefined"，如图 6-13 所示。

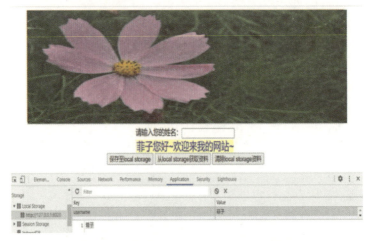

图 6-12　重载后从 localStorage 获取资料

图 6-13　清除数据后重载

2．访问 sessionStorage 的方法

sessionStorage 只能保存在单一的浏览器或分页 (tab)，关闭浏览器后存储的数据就消失了，其最大的用途在于保存一些临时的数据，防止用户重新整理网页时不小心丢失这些数据。sessionStorage 的操作方法和 localStorage 相同，下面列出 sessionStorage 方法的语法，以供读者参考。

(1) 存储语法：

window. sessionStorage.setItem("userdata", " 菲子的个人主页 ");

window. sessionStorage ["userdata"] = " 菲子的个人主页 " ;

window. sessionStorage.userdata = " 菲子的个人主页 " ;

(2) 读取语法：

var value1 = window. sessionStorage.getItem("userdata");

var value2 = window. sessionStorage ["userdata"];

var value3 = window. sessionStorage.userdata;

(3) 删除语法：

sessionStorage.removeItem("username ");

delete sessionStorage.removeItem.username;

delete sessionStorage.removeItem("username");

要想删除 sessionStorage 全部数据，可以使用 clear() 方法。

6.2.3　Web Storage 实例——登录页面

在已经了解 Web Storage 基本语法之后，本小节使用 localStorage 和 sessionStorage 制作一个网页中常见并且实用的功能，即"登录 / 注销"和"计数器"。

【例 6-10】　Web Storage 实例——登录页面开发。

设计说明： 利用 localStorage 数据保存的特性，我们做一个登录 / 注销的界面并统计用户的进站次数 (计数器)。当用户单击"登录"按钮时，出现"请输入您的姓名"的文本框让用户输入姓名；单击"发送"按钮后，将姓名存储到 localStorage；重载页面，将进入网站次数存储于 localStorage，并将用户姓名以及进站次数显示在 <div> 标记中；单击"注销"按钮后，<div> 标记显示已注销，并清空 localStorage。相关操作页面如图 6-14 ～图 6-16 所示。

图 6-14　初始化首页

图 6-15　登录页面

图 6-16　重载页面

案例代码： 设置页面的 HTML5 标签，<body onLoad="isLoad()"> 说明网站 body 页面加载完成后执行 isLoad() 函数内容。

```
<!DOCTYPE html>
<html>
<head>
<title>Web Storage 开发实例 </title>
<meta charset="utf-8"/>
<link rel=stylesheet type="text/css" href="color.css">
<script type="text/javascript">
function isLoad() {
    inputSpan.style.display='none';   /* 隐藏输入框及发送按钮 */
    if(typeof(Storage)=="undefined")
    {
        alert("Sorry!! 我们的浏览器不支持 Web Storage");
    }else{
        /* 判断姓名是否已存入 localStorage，已存入时才执行 {} 内的指令 */
        if (localStorage.username) {
            /*localStorage.counter 资料不存在时才执行传回 undefined*/
```

```
            if (!localStorage.counter) {
                localStorage.counter = 1;              /* 初始值设为 1*/
            } else {
                localStorage.counter++;                          /* 递增 */
            }
            btn_login.style.display='none';          /* 隐藏登录按钮 */
            show_LocalStorage.innerHTML= localStorage.username+" 您好，这是我们第
    "+localStorage .counter+" 次来到网站 ~";
        }
        btn_login.addEventListener("click", login);
        btn_send.addEventListener("click", sendok);
        btn_logout.addEventListener("click", clearLocalStorage);
    }
}
function sendok(){
    localStorage.username=inputname.value;
    location.reload();                      /* 重新载入网页 */
}
function login(){
    inputSpan.style.display='';                              /* 显示姓名输入框及发送按钮 */
}
function clearLocalStorage(){
    localStorage.clear();                          /* 清空 localStorage*/
    show_LocalStorage.innerHTML=" 已成功注销 !!";
    btn_login.style.display='';                          /* 显示登录按钮 */
    inputSpan.style.display='';                          /* 显示姓名输入框及发送按钮 */
}
</script>
</head>
<body onLoad="isLoad()">
<button id="btn_login"> 登录 </button>
<button id="btn_logout"> 注销 </button><br />
<img src="images/welcome.jpg" /><br />
<span id="inputSpan"> 请输入我们的姓名：<input type="text" id="inputname" value="">
<button id="btn_send"> 发送 </button></span><br />
<div id="show_LocalStorage"></div><br />
</body>
</body>
</html>
```

代码解析：

(1) 隐藏 <div> 及 <span> 组件代码说明。

姓名的输入框和"提交"按钮是放在 <span> 组件中的，当用户尚未单击"登录"按钮之前，这个组件可以先隐藏，这里使用 style 属性的 display 来显示或隐藏组件，代码如下：

```
        inputSpan.style.display='none';              /* 隐藏输入框及发送按钮 */
```

display 设置为 none 时组件就会隐藏，组件原本占据的空间消失；display 设置为空字符串 ('') 时组件就会重新显示出来。

同样，当用户登录之后，"登录"按钮就可以先隐藏起来，直到用户单击"注销"按钮再重新显示，代码如下：

```
    btn_login.style.display='none';            /* 隐藏登录按钮 */
```

（2）登录代码说明。

当用户单击"提交"按钮后，会调用 sendok( ) 函数将姓名存入 localStorage 的 username 变量并重新加载网页，代码如下所示：

```
function sendok(){
    localStorage.username=inputname.value;
    location.reload();                /* 重新载入网页 */
}
```

每次重载网页时计算器加 1，计算器加 1 的时间点是在重载网页的时候，因此程序可以写在 onLoad( ) 函数中，累加的程序代码如下所示：

```
if (!localStorage.counter) {
    localStorage.counter = 1;         /* 初始值设为 1*/
} else {
    localStorage.counter++;           /* 递增 */
}
```

if(typeof(storage)=="undefined")可以检查浏览器是否支持这个 webStorage API，if (!localStorage.counter) 可以检查 localStorage 数据是否存在。

（3）注销。

注销的操作只要清楚 localStorage 中的数据，并将"登录"按钮、姓名输入框以及"提交"按钮显示出来可以了，程序代码如下：

```
function clearLocalStorage(){
    localStorage.clear();                    /* 清空 localStorage*/
    show_LocalStorage.innerHTML=" 已成功注销 !!";
    btn_login.style.display=";                /* 显示登录按钮 */
    inputSpan.style.display=";                /* 显示姓名输入框及发送钮 */
}
```

6.3 手风琴菜单开发实例

【例 6-11】 手风琴菜单开发实例。

设计说明： 手风琴菜单折叠演示效果如图 6-17 所示，当点击网页中的"选项 1""选项 2"或"选项 3"按钮时，分别将其折叠起来的选项框具体内容展现出来，出现如图 6-18 所示的效果，再次点击则具体内容又折叠起来。该效果可应用到一些菜单显示和新闻文章显示等实际应用场景中。

步骤 1：设计 HTML5 页面显示效果。创建三个类选择器名称为 accordion 的选项 button，同时创建类选择器 panel 的 div 元素，其中 div 中使用 <p> 元素来设计对应的折叠框具体内容信息。程序代码如下：

```
    <h2> 手风琴动画 </h2>
    <p> 点击以下选项显示折叠内容 </p>
    <button class="accordion"> 选项 1</button>
```

```
<div class="panel">
    <p> 选项 1 内容 .</p>
</div>
<button class="accordion"> 选项 2</button>
<div class="panel">
    <p> 选项 2 内容 </p>
</div>
<button class="accordion"> 选项 3</button>
<div class="panel">
    <p> 选项 3 内容 </p>
</div>
```

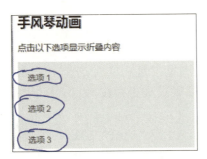

图 6-17　手风琴菜单折叠效果

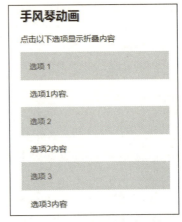

图 6-18　手风琴菜单展开效果

其中 <button class="accordion"> 选项 *</button> 定义选项 1 ～ 3 的 class 属性为 accordion；<div class="panel"></div> 标签中包含的是折叠隐藏的菜单内容。

步骤 2：定义 CSS 属性。实现 class 为 accordion 的选项 button、class 为 panel 的 div 元素、div 中的 <p> 元素的样式：

```
button.accordion {
    background-color: #eee;          // 背景颜色
    color: #444;                     // 字体颜色
    cursor: pointer;                 // 鼠标显示外观为手型
    padding: 18px;                   // 填充为 18 像素
    width: 100%;                     // 宽度为 100%
    border: none;                    // 无边框
    text-align: left;                // 文字为左对齐
    outline: none;                   // 没有外线框
    font-size: 15px;                 // 字体大小 15 像素
    transition: 0.4s;                // 运动速度为 0.4 s
}
button.accordion.active, button.accordion:hover {
    background-color: #ddd;          // 鼠标激活和悬停状态的背景颜色
}
div.panel {
```

```
    padding: 0 18px;              // 内容的上下填充为 0 像素，左右填充为 18 像素，
    background-color: white;      // 背景颜色
    max-height: 0;                // 最大高度为自动高度
    overflow: hidden;             // 隐藏超出宽度的内容
    transition: max-height 0.2s ease-out;    // 动画逐渐以 0.2 s 渐出的方式显示文本内容
  }
```

其中：button.accordion 定义 class 为 accordion 的 button 标签的显示样式；button.accordion
.active, button.accordion:hover 定义 class 为 accordion 的 button 标签的点击后和悬停显示样
式；div.panel 定义 class 为 panel 的 div 标签的显示样式。

步骤 3：用 JavaScript 代码实现点击后的效果。

```
    var acc = document.getElementsByClassName("accordion"); // 获取 class 名为 accordion 的标签对象
    var i;
    for (i = 0; i < acc.length; i++) {      // 对获取的标签 1 ~ 3 对象都添加 onclick 事件监听对象
      acc[i].onclick = function() {
        this.classList.toggle("active");              // 切换当前点击的标签 active 属性
        var panel = this.nextElementSibling;          // 寻找当前节点的下一个兄弟节点
        if (panel.style.maxHeight){// 如果兄弟节点有 maxHeight( 即当前 panel 对象是显示的状态 )
          panel.style.maxHeight = null;  // 则将 panel 对象 maxHeight 设为 null( 即设置为隐藏状态 )
        } else {
          panel.style.maxHeight = panel.scrollHeight + "px";// 如果 panel 对象 maxHeight 为 null( 即设置
    为隐藏状态 )，则将其 maxHeight 设置为滚动高度 ( 即通过设置高度来实现显示效果 )
        }
      }
    }
```

6.4　图片 Modal(模态)效果设计

【例 6-12】　图片 Modal(模态) 效果设计开发实例。

本实例演示了如何结合 CSS 和 JavaScript 来一起渲染图片。首先，我们使用 CSS 来
创建 Modal 窗口 (对话框)，默认是隐藏的，图 6-19 是 Modal 窗口隐藏时的状态；然后，
我们使用 JavaScript 来显示 Modal 窗口，当我们点击图片时，图片会在弹出的窗口中显
示，图 6-20 是 Modal 窗口显示时的状态。

图 6-19　Modal 窗口隐藏时的状态　　　　　　图 6-20　Modal 窗口显示时的状态

步骤 1：HTML5 页面设计。使用一个 img 标签放入一个图片，并设置图片的高为 200 像素，宽为 300 像素；设计一个 div 作为 Modal 框，其 id 为 myModal，类名为 modal，模态框中定义了 span、img 和 div 标签，用来部署 Modal 框的内容，程序代码如下：

```
<body>
    <img id="myImg" src=" images/lights600x400.jpg" alt="Northern Lights, Norway" width="300"
height="200">
    <div id="myModal" class="modal">
        <span class="close">×</span>
        <img class="modal-content" id="img01">
        <div id="caption"></div>
    </div>
</body>
```

步骤 2：CSS 页面渲染。实现 id 为 myImg 的图片、id 为 caption 当前状态和鼠标悬停状态的样式；实现类名为 modal 和 .modal-content 的样式等，并且还实现了窗口的自适应设计，具体如下：

```
#myImg {// 设置 id 为 * myImg 的图片的样式
    border-radius: 5px; // 设置半径为 5 像素的圆角边框
    cursor: pointer; // 设置鼠标状态
    transition: 0.3s; // 设置动画变化的持续时间为 0.3 s
}
#myImg:hover {opacity: 0.7;} // 设置图片的鼠标悬停状态样式：透明度为原图的 0.7
.modal {// 设置 class 为 modal 的模态框样式
    display: none; // 默认隐藏
    position: fixed; // 位置为固定定位
    z-index: 1; // 模态框在顶层
    padding-top: 100px; // 模态框的填充效果为 100 像素
    left: 0; // 居左 0 像素
    top: 0; // 居上 0 像素
    width: 100%; // 宽度为 100%，满屏显示
    height: 100%; // 高度为 100%，满屏显示
    overflow: auto; // 如果文字不够显示则出现滚动条
    background-color: rgb(0,0,0); // 设置背景色
    background-color: rgba(0,0,0,0.9); // 设置有透明度的背景色
}
.modal-content {// 设置 class 为 modal-content 的状态
    margin: auto; // 外边距为自动边距
    display: block; // 块状显示
    width: 80%;// 宽度为 80%
    max-width: 700px; // 最大宽度为 700 像素
}
#caption {// 设置 id 为 caption 的图片的样式
    margin: auto; // 外边距为自动边距
    display: block; // 块状显示
    width: 80%;// 宽度为 80%
    max-width: 700px; // 最大宽度为 700 像素
    text-align: center; // 文字为居中对齐
```

```
        color: #ccc; // 颜色为 #ccc
        padding: 10px 0; // 填充为上下 10 像素，左右 0 像素
        height: 150px; // 高度为 150 像素
    }
    .modal-content, #caption {// 设置 class modal-content 和 id caption 的元素的动画
        -webkit-animation-name: zoom; // 动画名 zoom 的自定义动画 ( 浏览器兼容模式 )
        -webkit-animation-duration: 0.6s; // 动画持续时间为 0.6 s( 浏览器兼容模式 )
        animation-name: zoom; // 动画名 zoom 的自定义动画
        animation-duration: 0.6s; // 动画持续时间为 0.6 s
    }
    @-webkit-keyframes zoom {// 自定义动画名为 zoom 的动画 ( 浏览器兼容模式 )
        from {-webkit-transform: scale(0)} // 动画从原来大小的 0 倍开始
        to {-webkit-transform: scale(1)} // 动画到原来大小的 1 倍结束
    }
    @keyframes zoom {// 自定义动画名为 zoom 的动画
        from {transform: scale(0.1)} // 动画从原来大小的 0 倍开始
        to {transform: scale(1)} // 动画到原来大小的 1 倍结束
    }
    .close {// 定义 class 名为 close 的 Button 的状态
        position: absolute; // 位置为绝对位置
        top: 15px; // 距离上边 15 像素
        right: 35px; // 距离右边 35 像素
        color: #f1f1f1; // 颜色为 #f1f1f1
        font-size: 40px; // 文字大小为 40 像素
        font-weight: bold; // 颜色为粗体
        transition: 0.3s; // 动画持续时间为 0.3 s
    }
    .close:hover,.close:focus {// 定义 class 名为 close 的鼠标悬停和获取焦点时的状态
        color: #bbb; // 颜色为 #bbb
        text-decoration: none; // 没有下划线
        cursor: pointer; // 鼠标状态
    }
    @media only screen and (max-width: 700px){ // 定义当屏幕小于 700 像素时的显示状态
        .modal-content {// 设置类名为 modal-content 模态窗的样式
            width: 100%;// 宽度为 100%
        }
    }
```

　　步骤 3：JavaScript 效果代码。默认是隐藏的，当我们点击图片时，图片会在弹出的窗口中显示：

```
    var modal = document.getElementById('myModal'); // 获取模态窗口
    // 获取图片模态框，alt 属性作为图片弹出时的文本描述
    var img = document.getElementById('myImg'); // 获取图片
    var modalImg = document.getElementById("img01");// 获取模态框里的图片
    var captionText = document.getElementById("caption");// 获取模态框里的标题显示
    img.onclick = function(){// 当点击图片时产生的动作
        modal.style.display = "block";// 显示状态为显示
```

```
    modalImg.src = this.src; // 模态框内部的图片的源为当前点击图片源
    modalImg.alt = this.alt; // 模态框内部的图片的文本描述为当前点击图片源的文本描述
    captionText.innerHTML = this.alt;// 模态框内部的图片的标题为当前点击图片源的文本描述
  }
  var span = document.getElementsByClassName("close")[0]; // 获取 <span> 元素，设置关闭模态框
                                                              按钮
  span.onclick = function() { // 点击 <span> 元素上的 (x)，关闭模态框
    modal.style.display = "none";
  }
```

课 后 习 题

一、1+X 知识点自我测试

1. 请实现：鼠标点击页面中的任意标签，用 alert() 函数来显示该标签的名称。

2. 创建 script, 插入到 DOM 中，加载完毕后用 callback 代码实现。

3. 编写一个数组去重的方法。

4. 实现一个函数 clone，可以对 JavaScript 中的五种主要的数据类型 (包括 Number、String、Object、Array、Boolean) 进行值的复制。

5. 请描述一下 cookies、sessionStorage 和 localStorage 的区别。

二、案例演练：表格数据搜索设计

【设计说明】结合第 2 章完成的计算器的布局完成本设计。本次练习的核心目的是利用 JavaScript 编程的方式实现在线计算器的简单计算功能 (本案例可能需要用到第 5 章内容，读者自行查阅相关知识点)。基本需要描述如下：

(1) 运算表达式的输入；

(2) 清除结果功能；

(3) 计算结果功能；

(4) 正负号切换功能；

(5) 错误提示信息；

(6) 重复运算符验证。

演示效果如图 6-21 所示。

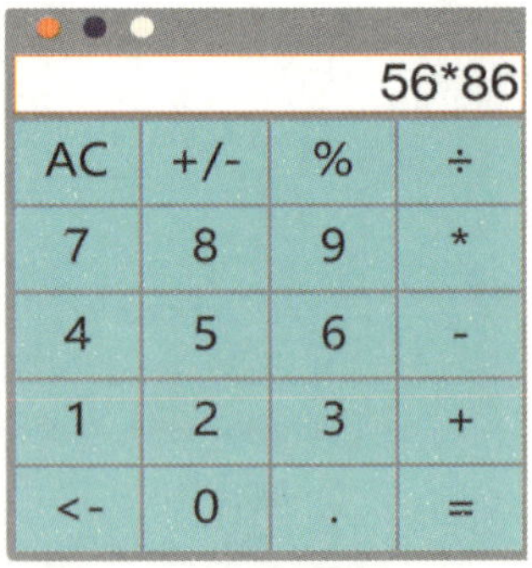

图 6-21　计算器效果图

第 四 部 分

框 架 技 术

第 7 章　jQuery 技术

　　jQuery 是一个快速、轻量级、拥有丰富功能的 JavaScript 库之一。通过简单易用的 API、jQuery 能够轻松地在不同的浏览器里面实现以下功能：HTML 文档的遍历和操作、事件处理、简单的动画效果和异步请求 AJAX 等。因为拥有良好的兼容性和扩展性，jQuery 已经改变了许多人写 JavaScript 代码的方式。本章主要介绍了 jQuery 的基本内容，包括 jQuery 的下载和安装、使用 jQuery 进行 HTML 操作、jQuery 的 AJAX 操作等。

7.1　jQuery 的下载和安装

　　在网页中通过 script 标签即可添加 jQuery 库，我们还可以通过以下方法来添加 jQuery 库：

　　(1) 下载 jQuery 库后加载；

　　(2) 通过 CDN 加载 jQuery 库；

　　(3) 通过工具下载 jQuery 库。

1. 下载 jQuery 库后加载

　　通过官网 jquery.com 或者其他开发网站下载 jQuery 库。下载的 jQuery 一般有两个版本。

　　(1) 生产版本 (production)。这个版本的文件经过压缩处理，适用于生产环境，能够节省带宽、提高性能，一般带有 min 字样。

　　(2) 开发版本 (development)。这个版本的文件是未经过压缩处理的，适用于开发时进行调试。

　　使用下载的 jQuery 库方便开发调试，开发的时候不受网络影响，加载速度快，可以进行离线的开发。使用 script 标签把下载好的 js 引入即可，如例 7-1 所示。

【例 7-1】 引入 jQuery 库开发实例。

```
<body>
<script src="js/jquery-3.5.1.min.js"></script>
</body>
```

2. 通过 CDN 加载 jQuery 库

除了下载 jQuery 开发库，也可以通过 CDN(Content Delivery Network，内容分发网络) 引用它。jQuery CDN、Staticfile CDN、百度、又拍云、新浪、谷歌和微软官网的服务器都存有 jQuery。

如果我们的站点用户是国内的，建议使用百度、又拍云、新浪等国内 CDN 地址，如果国外的用户可以使用谷歌和微软。

许多用户在访问其他站点时，已经加载过 jQuery 的库，当他们访问我们的站点时，可以从缓存中加载 jQuery，这样可以减少加载时间。同时，大多数 CDN 都可以确保当用户向其请求文件时，会从离用户最近的服务器上返回响应，这样也可以提高加载速度。表7-1 列举了一些常用的 jQuery CDN。

表 7-1　常用的 jQuery CDN

官网 jQuery CDN	https://code.jquery.com/jquery-3.5.1.min.js
Staticfile CDN	https://cdn.staticfile.org/jquery/3.5.1/jquery.min.js
百度 CDN	https://apps.bdimg.com/libs/jquery/2.1.4/jquery.min.js
又拍云 CDN	https://upcdn.b0.upaiyun.com/libs/jquery/jquery-2.0.3.min.js
新浪 CDN	https://lib.sinaapp.com/js/jquery/3.1.0/jquery-3.1.0.min.js
Google CDN	https://ajax.googleapis.com/ajax/libs/jquery/1.10.2/jquery.min.js
Microsoft CDN	https://ajax.aspnetcdn.com/ajax/jquery/jquery-3.5.0.min.js

从表 7-1 可以看出，不同 CDN 的版本由于不同站点更新的原因，版本会有所不同。由于一些原因，一些国外的 CDN 在国内不能正常访问，所以我们需要根据自己站点的设计和具体情况使用相应的 CDN。

3. 通过工具下载 jQuery 库

在前端开发时常常会使用包管理工具，此时可通过包管理工具来进行下载。下面列出了一些常用的包管理工具下载 jQuery 库。

(1) 使用 npm 或 yarn。jQuery 已经在 npm 上注册了包，所以可以通过 npm install jquery 或者 yarn add jquery 命令来下载最新的 jQuery 库。

(2) jQuery 也在 bower 上注册了包，所以可以通过 bower install jquery 命令来下载最新的 jQuery 库。

当页面加载了 jQuery 后可以在浏览器的 Console 界面使用 $.fn.jquery 命令查看当前jQuery 使用的版本，如图 7-1 所示。

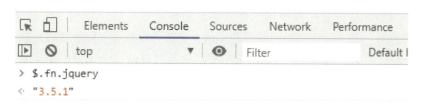

图 7-1 查看 jQuery 版本

7.2 使用 jQuery 进行 HTML 操作

jQuery 是 HTML 页面开发的重要组成部分，也是我们经常使用的开发库。jQuery 主要分为两个部分：HTML 元素的选择以及对所选元素进行操作，其基本语法如下：

$(selector).action()

其中，$ 表示使用了 jQuery 功能，当 jQuery 库载入成功后，默认就有 $ 可以使用；selector 表示选择符，用于查找 HTML 元素，其语法和 CSS 选择器类似；最后 action() 是对选择器所选 HTML 元素进行的操作方法。下面通过例 7-2 的代码来对 jQuery 语法进一步讲解。

【例 7-2】 jQuery 语法开发实例。

```
<!DOCTYPE html>
<html lang="en">
<head>
    <meta charset="UTF-8">
    <meta name="viewport" content="width=device-width, initial-scale=1.0">
    <title> 语法 </title>
</head>
<body>
    <p> 教育部提醒广大考生警惕 " 虚假大学 "</p>
    <p class="hide"> 财政部：积极有为 推动财政政策尽快见效 </p>
    <p> 人社部：下一步将努力实现就业局势总体稳定 </p>
    <script src="js/jquery-3.5.1.min.js"></script>
    <script>
    $(document).ready(function() {
    $(".hide").hide();
    });
    </script>
</body>
</html>
```

代码运行后结果如图 7-2 所示。

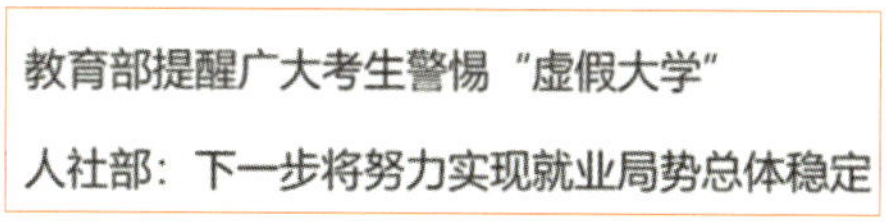

教育部提醒广大考生警惕 "虚假大学"

人社部：下一步将努力实现就业局势总体稳定

图 7-2 例 7-2 运行效果图

从图 7-2 可看出 3 个 p 标签中第二个 p 标签的数据没有显示出来，这是语句 $(".hide").hide(); 产生的效果，该语句分别对应前面介绍的 3 个部分：使用 jQuery 的 $、选择符 .hide 以及操作行为 hide() 用于隐藏标签，连在一起的意思就是把 class 为 hide 的标签隐藏起来。

这段代码里面除了刚刚讲解的语句，在另一个地方也出现了 $ 相关的语句，一般我们所写的 jQuery 代码都会放在下面的代码中：

```
$(document).ready(function() {
    // 相关的 jQuery 代码
});
```

这个语句的意思是在文档加载完成后，执行相关的 jQuery 代码。这是因为文档资源的加载是异步的，有可能在 jQuery 代码执行的时候资源还没加载完，导致操作了一些不存在的元素或资源，从而导致代码执行失败。

上面的文档加载代码可以简写成以下形式：

```
$(function() {
    // 相关的 jQuery 代码
});
```

7.2.1　jQuery 选择器

jQuery 选择器允许我们选择单个元素或者元素组，它是基于已存在的 CSS 选择器进行选择的。除了可以基于元素的 id、类、类型、属性等进行 HTML 元素的选择外，它还有一些自定义的选择器。下面介绍几种常用的选择器。

1. 元素选择器

元素选择器基于元素名称选择元素，当 HTML 文档里面有多个一样的元素时，会同时选择多个元素。如例 7-3 所示，通过 $("p")，jQuery 代码把所有 <p> 元素都选择出来并且进行隐藏。

【例 7-3】　元素选择器开发实例。

```
<body>
<p> 教育部提醒广大考生警惕 " 虚假大学 "</p>
<p> 财政部：积极有为推动财政政策尽快见效 </p>
<p> 人社部：下一步将努力实现就业局势总体稳定 </p>
<script src="js/jquery-3.5.1.min.js"></script>
<script>
    $(document).ready(function() {
        $("p").hide();
    });
</script>
</body>
```

2. id 选择器

id 选择器是基于元素的 id 属性选择指定的元素。在设计上，页面里面元素的 id 应该是唯一的，所以可以通过 id 选择器来选择页面里唯一的元素，通过 "#" 来进行选择。如例 7-4 所示，通过 $("#hide")，jQuery 代码把元素里面有 id 属性并且为 hide 的选择出来并且进行隐藏。

【例 7-4】 id 选择器开发实例。

```
<body>
<p> 教育部提醒广大考生警惕 " 虚假大学 "</p>
<p id="hide"> 财政部：积极有为推动财政政策尽快见效 </p>
<p> 人社部：下一步将努力实现就业局势总体稳定 </p>
<script src="js/jquery-3.5.1.min.js"></script>
<script>
  $(document).ready(function() {
   $("#hide").hide();
  });
</script>
</body>
```

3. 类选择器

类选择器是基于元素的 class 属性选择指定的元素。可以通过类选择器来选择页面里 class 属性值相同的元素，通过 "." 来进行选择。如例 7-5 所示，通过 $(".hide")，jQuery 代码把元素里面有 class 属性并且为 hide 的选择出来并且进行隐藏。

【例 7-5】 类选择器开发实例。

```
<body>
<p> 教育部提醒广大考生警惕 " 虚假大学 "</p>
<p class="hide"> 财政部：积极有为推动财政政策尽快见效 </p>
<p> 人社部：下一步将努力实现就业局势总体稳定 </p>
<script src="js/jquery-3.5.1.min.js"></script>
<script>
  $(document).ready(function() {
   $(".hide").hide();
  });
</script>
</body>
```

4. 属性选择器

属性选择器是基于元素的属性来选择指定的元素。可以通过属性选择器来选择页面里 属性值相同的元素，通过 "[ ]" 来进行选择。如例 7-6 所示，通过 $("[translate]")，jQuery 代码把元素里面有 translate 属性的选择出来并且进行隐藏。

【例 7-6】 属性选择器开发实例。

```
<body>
<p> 教育部提醒广大考生警惕 " 虚假大学 "</p>
<p translate="no"> 财政部：积极有为推动财政政策尽快见效 </p>
<p> 人社部：下一步将努力实现就业局势总体稳定 </p>
<script src="js/jquery-3.5.1.min.js"></script>
<script>
  $(document).ready(function() {
   $("[translate]").hide();
  });
</script>
</body>
```

7.2.2　jQuery 元素操作

在通过选择器获取到文档元素后，需要对元素进行操作。jQuery 元素的操作主要可以分为三类：元素事件、元素数据的操作以及元素效果的操作。像之前的用的 hide( ) 方法就属于元素效果的操作。

1. jQuery 元素事件

jQuery 元素事件就是页面对我们操作的响应，例如点击一个按钮页面就会给出相应的输出。表 7-2 列出了一些常用的 jQuery 事件。

表 7-2　常用 jQuery 事件

鼠 标 事 件	
函 数 名	事 件
click	鼠标单击
dblclick	鼠标双击
mouseenter	鼠标进入元素
mouseleave	鼠标进入元素
hover	鼠标停留在元素
键 盘 事 件	
函 数 名	事 件
keypress	在键盘上按下按键并产生一个字符
keydown	按下某一个按键时触发
keyup	松开某一个按键时触发
表 单 事 件	
函 数 名	事 件
submit	表单提交时，只适用于 <form> 元素
change	当 <input> 字段发生改变时
focus	当 <input> 字段获得焦点时
blur	当 <input> 字段失去焦点时
文档 / 窗口事件	
函 数 名	事 件
resize	浏览器窗口调整大小时
scroll	可滚动的元素或浏览器窗口滚动时

当事件触发时我们的程序需要进行相应的处理，这就是事件处理程序。只有通过事件处理程序的处理，页面做出对应的响应，我们的 jQuery 事件才会变得有意义。下面我们

通过例 7-7 来看以下 jQuery 事件的操作。

【例 7-7】 点击事件开发实例。

```
<body>
<p> 教育部提醒广大考生警惕 " 虚假大学 "</p>
<p> 财政部：积极有为推动财政政策尽快见效 </p>
<p> 人社部：下一步将努力实现就业局势总体稳定 </p>
<script src="js/jquery-3.5.1.min.js"></script>
<script>
  $(document).ready(function() {
   $("p").click(function() {
    $(this).hide();
   });
  });
</script>
</body>
```

这段代码的运行效果是，点击其中一个 <p> 元素，对应 <p> 元素就会隐藏起来。其中 $("p") 选择了文档中所有的 <p> 元素，click( ) 为鼠标单击事件，而 function( ) 为我们的事件处理程序。$(this) 表示当前所选元素，这是因为 <p> 元素是不唯一的，需要再指定操作元素。

【例 7-8】 键盘事件：键盘处理开发实例。

```
<body>
输入：<input type="text">
<script src="js/jquery-3.5.1.min.js"></script>
<script>
  $(document).ready(function() {
   $("input").keypress(function(e) {
    console.log(" 输入了：" + String.fromCharCode(e.charCode));
   });
  });
</script>
</body>
```

这段代码的运行效果如图 7-3 所示，在输入框里面点击键盘的按键，浏览器的 Console 就会输出对应按键值。其中 $("input") 选择了文档中所有的 <input> 元素，keypress() 为键盘按键事件，而 function() 为我们的事件处理程序，里面的代码把按键的 charCode 数值转为我们可阅读的值，然后在 Console 进行了输出操作。如果是对表单输入值改变事件的监听，代码如例 7-9 所示。

图 7-3　例 7-8 运行效果图

【例 7-9】 表单事件开发实例。

```html
<body>
输入：<input type="text">
<script src="js/jquery-3.5.1.min.js"></script>
<script>
  $(document).ready(function() {
    $("input").change(function(e) {
      console.log(" 输入了： "+ e.delegateTarget.value);
    });
  });
</script>
</body>
```

这段代码的运行效果如图 7-4 所示，在输入框里面输入相关的数据，再按回车键或者鼠标点击其他空白地方，浏览器的 Console 就会输出输入框对应的数据。其中 change() 为表单数据改变事件的监听，而 function() 为我们的事件处理程序，里面的代码通过 e.delegateTarget.value 来获取 input 的输入值，然后在 Console 进行了输出操作。

图 7-4   例 7-9 运行效果图

2. jQuery 元素数据的操作

jQuery 元素数据的操作主要包括元素内容的操作、元素自身的操作以及元素属性的操作。

1) 元素内容的操作

元素内容的操作主要用到表 7-3 列出的方法。

表 7-3   元素内容的操作

方　　法	用　　途
text()	设置或获取元素内容
html()	设置或获取元素内容，包括 HTML 标签
val()	设置或获取表单内容

对于元素内容的获取，代码如例 7-10 所示。

【例 7-10】 元素内容的获取开发实例。

```html
<body>
  <p> 教育部提醒广大考生警惕 <b>" 虚假大学 "</b></p>
  评论：<input type="text">
  <button> 获取内容 </button>
```

```
<script src="js/jquery-3.5.1.min.js"></script>
<script>
  $(document).ready(function() {
   $("button").click(function(e) {
     console.log("text(): " + $("p").text());
     console.log("html(): " + $("p").html());
     console.log("val(): " + $("input").val());
   });
  });
</script>
</body>
```

运行代码，然后在输入框输入评论，点击"获取内容"按钮可看到如图 7-5 所示的效果。

图 7-5　例 7-10 运行效果图

从图 7-5 可以看出 text()、html() 和 val() 的效果和区别，同样都是输出值，text() 输出的是元素内的文本，不包括 HTML 标签；html() 输出的是元素内所有的内容，包括HTML 标签；val() 输出的是输入框所填写的内容，和元素本身无关。

text()、html() 和 val() 这三个函数的参数为空时表示取值，如果参数不为空时则表示把相应的内容变更为参数所指定内容，使用相同的方法我们可以对内容进行设置，代码如例 7-11 所示。

【例 7-11】　元素内容的设置开发实例。

```
<body>
  <p id="text"></p>
  <p id="html"></p>
  评论：<input type="text"><br/>
  <button> 设置内容 </button>
  <script src="js/jquery-3.5.1.min.js"></script>
  <script>
   $(document).ready(function() {
     $("button").click(function(e) {
       var content = " 教育部提醒广大考生警惕 <b>" 虚假大学 "</b>"
       $("#text").text(content)
       $("#html").html(content)
       $("input").val(content)
     });
   });
  </script>
</body>
```

运行代码，点击"设置内容"按钮，可看到如图 7-6 所示的效果。

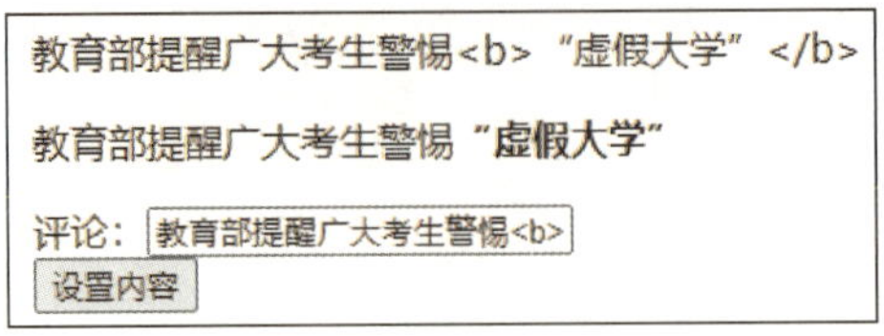

教育部提醒广大考生警惕 `<b>` "虚假大学" `</b>`

教育部提醒广大考生警惕 **"虚假大学"**

评论：教育部提醒广大考生警惕`<b>`
[设置内容]

图 7-6　例 7-11 运行效果图

从图 7-6 可以看出，text() 方法把 content 内容一字不改的写到页面上，包括 HTML 标签；html() 方法则把 HTML 标签渲染出来，如例 7-11 中 `<b>` 元素对虚假大学的粗体效果就出来了；val() 方法则把内容放到了输入框中，通过这个方法可以对输入框进行值的初始化工作或者设定默认值，方便用户的输入。

2) 元素自身的操作

元素自身的操作主要包括元素的添加和元素的删除两种。对于元素的添加，主要涉及表 7-4 所示的方法。

表 7-4　元素的添加

方　法	效　果
append( )	在所选元素内容后面追加内容
prepend( )	在所选元素内容前面追加内容
after( )	在所选元素之后添加内容
before( )	在所选元素之前添加内容

【例 7-12】　元素的添加：prepend( ) 和 append( ) 开发实例。

```html
<body>
  <p>教育部提醒广大考生警惕 </p><br/>
  <button id="prepend">prepend</button>
  <button id="append">append</button>
  <script src="js/jquery-3.5.1.min.js"></script>
  <script>
    $(document).ready(function() {
      $("#prepend").click(function(e) {
        $("p").prepend("●")
      });
      $("#append").click(function(e) {
        $("p").append("<b>" 虚假大学 "</b>")
      });
    });
  </script>
</body>
```

●教育部提醒广大考生警惕 **"虚假大学"**
[prepend] [append]

图 7-7　例 7-12 运行效果图

运行代码，分别点击"prepend"和"append"按钮后可看到如图 7-7 所示的效果。

把 prepend( ) 和 append( ) 对应修改为 before( ) 和 after( ) 后得到例 7-13 的代码。

【例 7-13】 元素的添加：before( ) 和 after( ) 开发实例。

```
<body>
<p> 教育部提醒广大考生警惕 </p><br/>
<button id="before">before</button>
<button id="after">after</button>
<script src="js/jquery-3.5.1.min.js"></script>
<script>
  $(document).ready(function() {
    $("#before").click(function(e) {
      $("p").before(" ● ")
    });
    $("#after").click(function(e) {
      $("p").after("<b>" 虚假大学 "</b>")
    });
  });
</script>
</body>
```

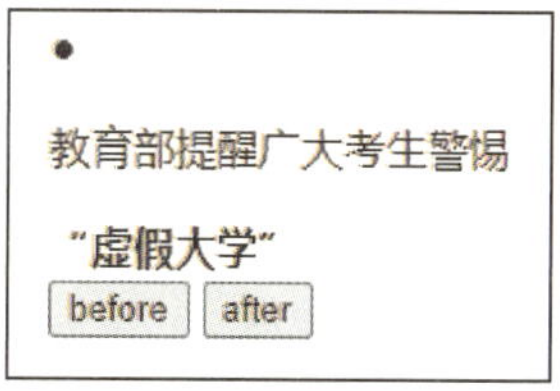

图 7-8　例 7-13 运行效果图

运行代码，分别点击"before"和"after"按钮后可看到如图 7-8 所示的效果。

通过图 7-8 的效果可以看出，虽然 prepend( ) 和 before( ) 都是在元素前添加内容，append( ) 和 after( ) 都是在元素后添加内容，但是效果不一样。为什么会有不同的效果呢？我们先看看分别生成的 HTML 有什么不同，表 7-5 是二者的效果对比。

表 7-5　添加方法对比

prepend( ) 和 append( )	beore( ) 和 after( )
<p> 　　" ● " 　　" 教育部提醒广大考生警惕 " 　　<b>" 虚假大学 "</b> </p>	" ● " <p> 教育部提醒广大考生警惕 </p> <b>" 虚假大学 "</b>

通过 HTML 的对比可看出：prepend( ) 和 append( ) 是在元素内部进行内容的添加，而 beore( ) 和 after( ) 是在元素外部进行内容的添加，这就是导致效果不一致的原因。

添加的相反操作就是删除，主要涉及表 7-6 的方法。

表 7-6　删除方法

方　法	效　果
remove( )	删除所选元素
empty( )	清空所选元素内容

通过例 7-14 来看一下 remove( ) 和 empty( ) 的效果和区别。

【例 7-14】 元素的删除开发实例。

```
<body>
    <p id ="remove"> 教育部提醒广大考生警惕 " 虚假大学 "</p>
    <p id="empty"> 财政部：积极有为推动财政政策尽快见效 </p>
    <p> 人社部：下一步将努力实现就业局势总体稳定 </p>
    <button> 删除 </button>
    <script src="js/jquery-3.5.1.min.js"></script>
    <script>
        $(document).ready(function() {
        $("button").click(function(e) {
        $("#remove").remove()
        $("#empty").empty()
        });
        });
    </script>
</body>
```

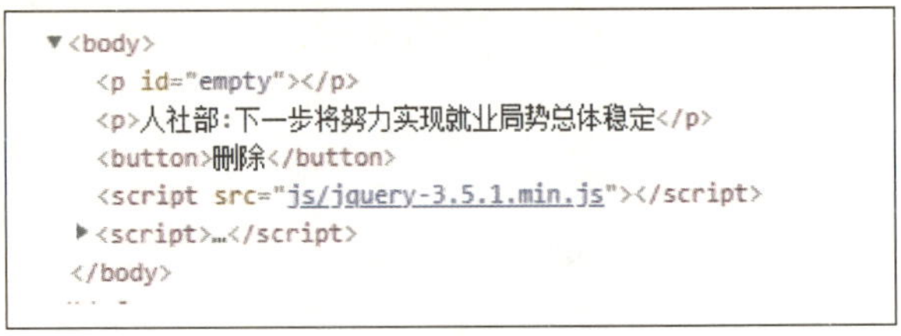

```
▼<body>
    <p id="empty"></p>
    <p>人社部:下一步将努力实现就业局势总体稳定</p>
    <button>删除</button>
    <script src="js/jquery-3.5.1.min.js"></script>
  ▶<script>…</script>
</body>
```

图 7-9　例 7-14 运行效果图

运行代码，点击"删除"按钮，可以看到 <p> 元素里面 id 为 remove( ) 和 empty( ) 的内容在页面上消失了。在效果上 remove( ) 和 empty( ) 是类似的，二者的区别在于对元素的操作有所不一样。通过查看如图 7-9 所示的操作后的 HTML 代码可以看出，id 为 empty 的 <p> 元素保留下来了，也就是说 remove( ) 方法会把元素本身从文档里面直接删除掉，而 empty( ) 方法仅仅是把元素内部的内容删除掉，但是元素本身会保留在文档里面。

3) 元素属性的操作

元素属性的操作就是对 html 元素中的属性进行操作。由于一般对样式的操作比较多，所以这里除了介绍对一般属性的操作，还会详细介绍对 CSS 相关属性的操作。

对于属性的操作，使用 attr( ) 方法进行设置即可，该方法有两个参数，第一个参数是元素的属性名，第二个参数是这个属性名所对应的属性值，具体实例如例 7-15 所示。

【例 7-15】 元素属性的操作开发实例。

```
<body>
<p> 教育部提醒广大考生警惕 " 虚假大学 "</p>
<p> 财政部：积极有为推动财政政策尽快见效 </p>
<p> 人社部：下一步将努力实现就业局势总体稳定 </p>
<button> 隐藏 </button>
<script src="js/jquery-3.5.1.min.js"></script>
<script>
    $(document).ready(function() {
    $("button").click(function(e) {
    $("p").attr("hidden", true)
    });
    });
</script>
</body>
```

运行代码，在点击"隐藏"按钮以后，所有 <p> 元素的内容都消失了。这是因为通过 attr("hidden", true) 的方法把 <p> 元素的 hidden 属性 (这个属性不设置的话默认为 false)

变为 true 从而到达隐藏的效果。

由于样式属性的操作比较常用，所以 jQuery 提供了针对样式属性操作的方法，如表 7-7 所示。样式属性主要涉及 class 属性和 style 属性的操作。

表 7-7　样式属性操作方法

方　法	效　果
addClass()	给所选择元素添加类
removeClass()	给所选择元素删除类
toggleClass()	给所选择元素进行类的切换
css()	给所选择元素进行设置或返回样式属性的操作

下面通过例 7-16 的代码来加深读者对 addClass( )、removeClass( ) 和 toggleClass( ) 的理解。例 7-16 的代码通过设置背景颜色来显示类属性的效果。

【例 7-16】　class 属性的操作开发实例。

```
<style>
.red {
 background-color: red;
}
</style>
<body>
<p> 教育部提醒广大考生警惕 " 虚假大学 "</p>
<p id="target"> 财政部：积极有为推动财政政策尽快见效 </p>
<p> 人社部：下一步将努力实现就业局势总体稳定 </p>
<button id="addClass"> 添加样式 </button>
<button id="removeClass"> 移除样式 </button>
<button id="toggleClass"> 切换样式 </button>
<script src="js/jquery-3.5.1.min.js"></script>
<script>
  $(document).ready(function() {
    $("#addClass").click(function(e) {
      $("#target").addClass("red");
    });
    $("#removeClass").click(function(e) {
      $("#target").removeClass("red");
    });
    $("#toggleClass").click(function(e) {
      $("#target").toggleClass("red");
    });
  });
</script>
</body>
```

上面这段代码中，三个按钮都是操作 id 为 target 的 <p> 元素，可看到，addClass( ) 方法会对所选元素的 class 属性添加值为 red 的数据，从而使所选元素的背景色变为红色；removeClass( ) 方法会把所选元素的 class 属性移除值为 red 的数据，从而把所选元素的背

景红色去掉 (如果是红色的话)；而 toggleClass( ) 方法则是切换 red 值的有无，即当 class 属性存在 red 的值时，toggleClass( ) 会把 red 值去掉，相当于 removeClass( ) 方法，当 class 属性没有 red 的值时，toggleClass( ) 会把 red 值加上，相当于 addClass( ) 方法。

了解完 class 属性的操作后，接下来通过例 7-17 来演示如何操作 style 属性。本例主要使用的就是 css( ) 方法。

【例 7-17】 style 属性的操作开发实例。

```html
<body>
    <p> 教育部提醒广大考生警惕 " 虚假大学 "</p>
    <p style="background-color:red"> 财政部：积极有为推动财政政策尽快见效 </p>
    <p> 人社部：下一步将努力实现就业局势总体稳定 </p>
    <button> 设置样式 </button>
    <script src="js/jquery-3.5.1.min.js"></script>
    <script>
      $(document).ready(function( ) {
        $("button").click(function(e) {
          var styleVal = $("[style]").css("background-color"); // 获取 style 属性值
          console.log(" 获取 style 属性值 : " + styleVal)
          $("[style]").css({
              "background-color": "green"
          });
        });
      });
    </script>
</body>
```

运行代码，点击"设置样式"按钮，运行效果如图 7-10 所示。

图 7-10　例 7-17 运行效果图

由上面内容可知，一开始带有 style 属性的 <p> 元素显示红色背景，当点击"设置样式"按钮后，通过 .css("background-color") 把所选元素的 style 属性里面的 background-color 属性值获取出来，并且输出在 Console 里面，接着通过 css({"background-color": "green"}) 方法重新把 background-color 属性设置为新的值，让背景显示为绿色。这里需要注意的是同样使用的是 css( ) 方法，但是获取值和设置值在参数上是有区别的。

3. jQuery 元素效果的操作

jQuery 元素效果的操作主要是使用 jQuery 提供的方法对 HTML 元素进行动画操作。通常可以使用参数或者时间来控制动画效果的快慢。表 7-8 按照效果的分类列出了 jQuery 元素效果的操作方法。

表 7-8 元素效果的操作方法

显示 / 隐藏	
方　法	效　果
hide( )	隐藏所选元素
show( )	显示所选元素
淡入 / 淡出	
方　法	效　果
fadeIn( )	淡入所选元素
fadeOut( )	淡出所选元素
fadeToggle( )	切换所选元素淡入 / 淡出
fadeTo( )	淡入到指定样式
滑　　动	
方　法	效　果
slideDown( )	下滑所选元素
slideUp( )	上滑所选元素
slideToggle( )	切换所选元素上滑 / 下滑
动　　画	
方　法	效　果
animate( )	运行动画
stop( )	停止动画

　　显示 / 隐藏 (包括滑动) 效果是对元素的操作，不需要元素类属性或 style 属性的存在；而淡入淡出 (除了 fadeTo( ) 方法)效果需要元素类属性或 style 属性的存在，通过动画效果来显示 / 隐藏元素。

　　【例 7-18】　元素效果的操作 (显示 / 隐藏) 开发实例。

```
<body>
  <p> 教育部提醒广大考生警惕 " 虚假大学 "</p>
  <p style="background-color:red"> 财政部：积极有为推动财政政策尽快见效 </p>
  <p> 人社部：下一步将努力实现就业局势总体稳定 </p>
  <button> 滑动切换 </button>

  <script src="js/jquery-3.5.1.min.js"></script>
  <script>
    $(document).ready(function( ) {
     $("button").click(function(e) {
       $("[style]").slideToggle( );
     });
    });
  </script>
```

```
</body>
```

运行代码，点击"滑动切换"按钮，可以看到带有 style 属性的 \<p\> 元素会通过滑动动画效果来切换显示 / 隐藏效果，如果把 style 属性去掉则失去这个效果。而淡入 / 淡出 fadeTo() 方法和动画 animate() 方法则是通过设置效果的目标样式，然后使用动画效果来切换到目标状态。

【例 7-19】 元素效果的操作 (动画) 开发实例。

```
<body>
  <p>教育部提醒广大考生警惕 " 虚假大学 "</p>
  <p style="background-color:red">财政部：积极有为推动财政政策尽快见效 </p>
  <p> 人社部：下一步将努力实现就业局势总体稳定 </p>
  <button> 运行动画 </button>
  <script src="js/jquery-3.5.1.min.js"></script>
  <script>
   $(document).ready(function( ) {
    $("button").click(function(e) {
     $("[style]").animate({
      'font-size': '150%'
     });
    });
   });
  </script>
</body>
```

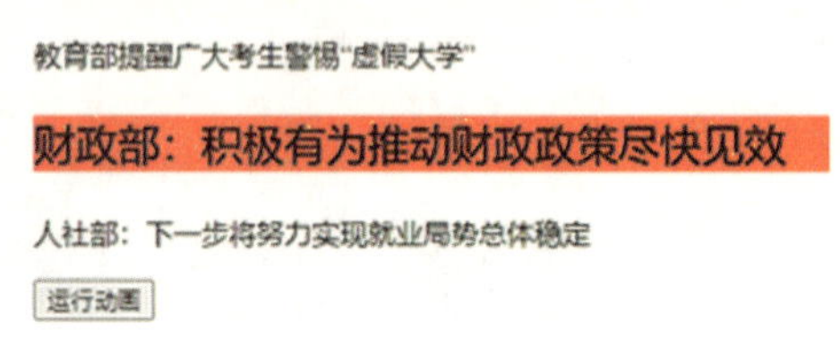

图 7-11 例 7-19 运行效果图

运行代码，点击"运行动画"按钮，可以看到带有背景颜色的 \<p\> 元素内容字体变大了，效果如图 7-11 所示。

最后，元素效果的操作可以通过 stop( ) 方法来中止动画。当然，有些动画效果 jQuery 不能直接实现，需要一些 jQuery 插件才能实现。

7.2.3　jQuery 元素遍历

在前端开发的学习中我们了解了文档对象模型 DOM，整个 HTML 文档对应于一棵 DOM 树。遍历就是从某个选定的元素节点开始经过查找操作到达目的元素节点。jQuery 元素遍历就是使用 jQuery 提供的方法进行 DOM 树的遍历，主要涉及兄弟元素的查找、祖先元素的查找以及后代元素的查找。

1. 兄弟元素的查找

兄弟元素，也叫同胞元素，就是在文档树中拥有同级关系的元素，它们都拥有同一个父元素，主要涉及的查找方法如表 7-9 所示。

表 7-9　兄弟元素的查找方法

方　　法	效　　果
siblings( )	获取所有兄弟元素
next( )	获取下一个兄弟元素
nextAll( )	获取后面所有兄弟元素

续表

方　法	效　果
nextUntil( )	向后获取兄弟元素直到指定元素出现
prev( )	获取上一个兄弟元素
prevAll( )	获取前面所有兄弟元素
prevUntil( )	向前获取兄弟元素直到指定元素出现

【例 7-20】　兄弟元素查找 siblings( ) 开发实例。

```
<body>
  <div>
      <p> 教育部提醒广大考生警惕 " 虚假大学 "</p>
      <p id="target"> 财政部：积极有为推动财政政策尽快见效 </p>
      <p> 人社部：下一步将努力实现就业局势总体稳定 </p>
  </div>
  <div>
      <p> 工信部开展民爆行业储存安全专项检查治理 </p>
      <p> 长江流域非法捕捞高发水域巡查执法启动 </p>
      <p> 生态环境部：移动源污染防治紧迫性凸显 </p>
  </div>
  <script src="js/jquery-3.5.1.min.js"></script>
  <script>
      $(document).ready(function( ) {
          $("#target").siblings( ).css({"background-color": "green"})
      });
  </script>
</body>
```

运行上述代码后，可看到如图 7-12 所示的效果。

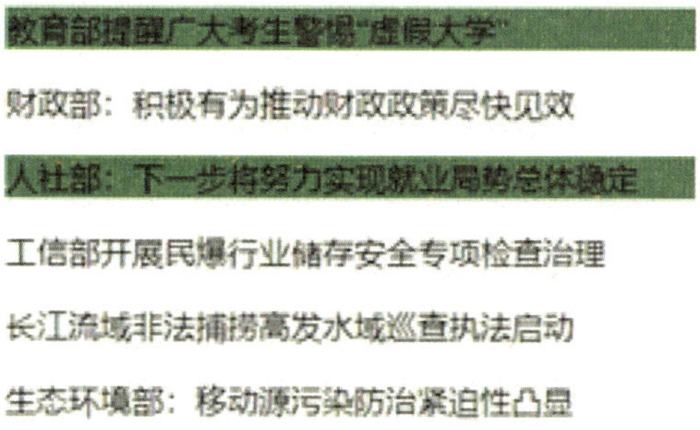

图 7-12　例 7-20 运行效果图

从图 7-12 可以看到，所选元素 (id 属性值为 target) 的兄弟元素，背景颜色都变为绿色了。通过使用 siblings( ) 方法找到所有的兄弟元素，然后通过 css( ) 方法改变兄弟元素的背景颜色。从图 7-12 效果可以看出，同一个 <div> 元素下的 <p> 元素才是兄弟元素，而不在同一个 <div> 元素下的不是兄弟元素。

兄弟元素间存在着 prev(前面，上面) 和 next(后面，下面) 的关系，下面可通过例

7-21 代码使用的 prev( ) 方法和 next( ) 方法来进一步了解这个关系。

【例 7-21】 兄弟元素查找 prev( ) / next( ) 开发实例。

```html
<body>
  <div
    <p> 教育部提醒广大考生警惕 " 虚假大学 "</p>
    <p id="target1"> 财政部：积极有为推动财政政策尽快见效 </p>
    <p> 人社部：下一步将努力实现就业局势总体稳定 </p>
  </div>
  <div>
    <p> 工信部开展民爆行业储存安全专项检查治理 </p>
    <p id="target2"> 长江流域非法捕捞高发水域巡查执法启动 </p>
    <p> 生态环境部：移动源污染防治紧迫性凸显 </p>
  </div>
  <script src="js/jquery-3.5.1.min.js"></script>
  <script>
    $(document).ready(function( ) {
      $("#target1").prev( ).css({
        "background-color": "green"
      })
      $("#target2").next( ).css({
        "background-color": "green"
      })
    });
  </script>
</body>
```

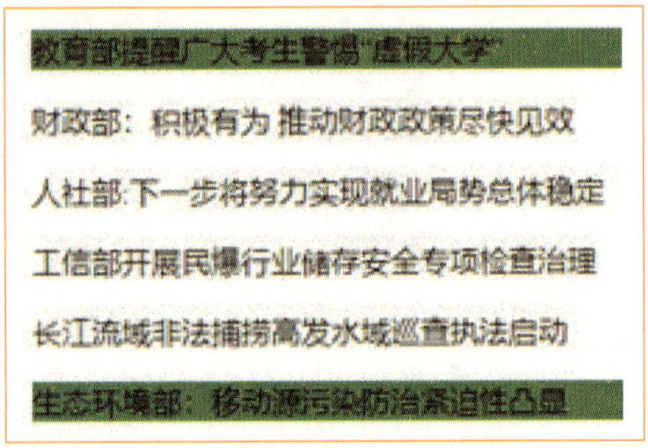

图 7-13　例 7-21 运行效果图

运行代码后可看到如图 7-13 所示的效果。

例 7-21 的代码中选择了两个不同的 <p> 元素，分别使用了 prev( ) 方法和 next( ) 方法来选中兄弟元素改变背景颜色，可以看出 prev( ) 方法选择的是 HTML 文档里靠上面的兄弟元素，而 next( ) 方法选择的是 HTML 文档里靠下面的兄弟元素。

2. 祖先元素的查找

祖先元素包括父级元素、父级元素的父级元素、父级元素的父级元素的父级元素……一直到 <body> 元素 (也就是最外层元素)，在 HTML 文档的表现就是包裹该元素的元素都是它的祖先元素。祖先元素的查找方法如表 7-10 所示。

表 7-10　祖先元素的查找方法

方　法	效　果
parent( )	获取第一个找到的祖先元素
parents( )	获取所有祖先元素
parentsUntil( )	获取祖先元素直到指定元素出现

通过例 7-22 代码来理解如何获得祖先元素。

【例 7-22】 祖先元素的查找开发实例。

```
<body>
  <div>
    <p> 教育部提醒广大考生警惕 " 虚假大学 "</p>
    <p id="target"> 财政部：积极有为推动财政政策尽快见效 </p>
    <p> 人社部：下一步将努力实现就业局势总体稳定 </p>
  </div>
  <div>
    <p> 工信部开展民爆行业储存安全专项检查治理 </p>
    <p> 长江流域非法捕捞高发水域巡查执法启动 </p>
    <p> 生态环境部：移动源污染防治紧迫性凸显 </p>
  </div>
  <script src="js/jquery-3.5.1.min.js"></script>
  <script>
    $(document).ready(function( ) {
      $("#target").parent( ).css({ "background-color": "green" })
    });
  </script>
</body>
```

运行上面的代码，可看到如图 7-14 所示的效果。

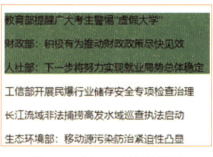

图 7-14　例 7-22 运行效果图

从图 7-14 的运行效果可以看出，代码把所选元素里找到的第一个 <div> 父元素的背景颜色改变了。

3. 后代元素的查找

后代元素包括子级元素、子级元素的子级元素、子级元素的子级元素的子级元素……一直到没有子级元素，在 HTML 文档的表现就是被该元素包裹的元素都是它的后代元素。后代元素的查找方法如表 7-11 所示。

表 7-11　后代元素的查找方法

方　法	效　果
children( )	查找所选元素直到下一级满足条件的所有子级元素
find( )	查找所选元素满足条件的所有子级元素

通过例 7-23 来进一步了解 children( ) 和 find( ) 方法的效果。

【例 7-23】 后代元素的查找开发实例。

```html
<body>
    <div id="target">
        <p>教育部提醒广大考生警惕"虚假大学"</p>
        <p>财政部：积极有为 推动财政政策尽快见效</p>
        <p>人社部：下一步将努力实现就业局势总体稳定</p>
            <div>
            <p>工信部开展民爆行业储存安全专项检查治理</p>
            <p>长江流域非法捕捞高发水域巡查执法启动</p>
            <p>生态环境部：移动源污染防治紧迫性凸显</p>
        </div>
    </div>
    <button id="children">children</button>
    <button id="find">find</button>
    <script src="js/jquery-3.5.1.min.js"></script>
    <script>
        $(document).ready(function( ) {
            $("#children").click(function(e) {
                $("#target").children("p").css({
                    "background-color": "green"
                })
            })
            $("#find").click(function(e) {
                $("#target").find("p").css({
                    "background-color": "green"
                })
            })
        });
    </script>
</body>
```

运行上述代码，点击"children"按钮和"find"按钮，效果对比如表 7-12 所示。

表 7-12　点击"children"按钮和"find"按钮的效果对比

点击"children"按钮	点击"find"按钮

由表 7-12 可以看出，通过 children( ) 方法和 find( ) 方法查找出来的后代元素执行后效果不一样，其原因是 <p> 元素相对应目标元素的位置有一部分 <p> 元素不是目标元素的直接子级元素。

7.3 jQuery 的 AJAX 操作

jQuery 为 AJAX 提供了方便的操作，在学习使用前需要了解一下 AJXA 相关的知识。

7.3.1 AJAX 相关知识

1. AJAX 概念

AJAX(Asynchronous JavaScript and XML，异步的 JavaScript 和 XML) 用于向服务器后代请求数据，达到在不重新加载整个页面的前提下显示页面数据的效果。虽然 AJAX 名称里面含有 XML，但是通过 AJAX 能够请求各种格式的数据，如文本、JSON 等。

2. HTTP 请求

AJAX 是通过 HTTP 请求来请求数据的，所以大家需要有 HTTP 的基础知识。AJAX 请求常用的 HTTP 方法有 GET 和 POST。一般来说，GET 方法用于向服务器请求资源，如页面的加载；POST 方法用于向服务器提交资源，如表单的提交。

3. 跨域问题

AJAX 请求常见的一个问题就是跨域问题。由于浏览器的同源策略，不同源的资源是不允许被请求的。同源就是在请求的 url 里协议、域名和端口三个都一样，不同源也就是跨域。一个 AJAX 请求不成功可能就是跨域问题造成的。

7.3.2 jQuery AJAX

jQuery AJAX 相关的方法比较多，这里我们主要通过学习 ajax( ) 方法来进行了解。需要注意的是，由于浏览器的限制，此例 7-24 需要运行在服务器环境中 (我们可以把页面放到服务器或者通过编辑器提供的服务器功能实现)。准备好运行环境后，再准备AJAX 请求的数据，在 data 文件夹下新建文件 ajax-data.json，在 json 文件填入如下 json格式的数据：

```
[" 教育部提醒广大考生警惕 " 虚假大学 "",
" 财政部：积极有为  推动财政政策尽快见效 ",
" 人社部：下一步将努力实现就业局势总体稳定 "]
```

接着在 html 文件输入例 7-24 所示代码。

【例 7-24】 AJAX 请求数据开发实例。

```html
<body>
  <script src="js/jquery-3.5.1.min.js"></script>
  <script>
    $(document).ready(function( ) {
      var resp= $.ajax({
        url:"./data/ajax-data.json",
        headers: {},
        data: {},
        method: "get",
```

```
        async: false
    });
    console.log(" 获取 json： " + resp.responseJSON);
    console.log(" 获取 text： " + resp.responseText);
  })
</script>
</body>
```

运行服务器访问页面，可以在 Console 端看到如图 7-15 所示的输出效果。

获取json：教育部提醒广大考生警惕"虚假大学",财政部：积极有为 推动财政政策尽快见效,人社部:下一步将努力实现就业局势总体稳定

获取text：["教育部提醒广大考生警惕"虚假大学"",
"财政部：积极有为 推动财政政策尽快见效",
"人社部:下一步将努力实现就业局势总体稳定"]

图 7-15   例 7-24 运行效果图

图 7-15 的显示效果说明 AJAX 请求成功并获得了数据。其中 responseJSON 用于获取 JSON 格式的数据，responseText 用于获取文本数据。表 7-13 列出了 ajax( ) 方法里面常用的一些参数。

表 7-13   ajax () 方法常用参数

参 数	说 明
url	请求的 url
method	请求的方法，如 GET、POST 等
headers	请求的头部
data	请求到服务器的数据
success(result, status, xhr)	请求成功的回调函数
error(xhr, status, error)	请求失败的回调函数
complete(xhr, status)	请求完成的回调函数，无论成功失败都会调用
async	是否是异步请求，默认为 true

结合之前所学 jQuery 知识，把 AJAX 请求到的数据渲染到页面中，如例 7-25 所示。

【例 7-25】 AJAX 数据渲染到页面的开发实例。

```
<body>
  <div></div>
  <script src="js/jquery-3.5.1.min.js"></script>
  <script>
    $(document).ready(function( ) {
      var resp= $.ajax({
        url:"./data/ajax-data.json",
        method: "get",
        success: function(data) {
          for(const item of data) {
            $("div").append("<p>" + item + "</p>")
          }
```

```
            }
        });
    })
  </script>
</body>
```

教育部提醒广大考生警惕 "虚假大学"

财政部：积极有为 推动财政政策尽快见效

人社部:下一步将努力实现就业局势总体稳定

图 7-16　例 7-25 运行效果图

运行上述代码，可以看到如图 7-16 所示的页面效果。

例 7-25 的代码中使用了 AJAX 的异步请求，请求成功后在 seccess 的回调函数中把 data 数据显示到页面中。

课 后 习 题

一、1+X 知识点自我测试

1. 下面哪种不属于 jQuery 的筛选？（　　　）

A. 过滤　　　　　　　B. 自动　　　　　　　C. 查找　　　　　　　D. 串联

2. 如果想在一个指定的元素后添加内容，下面哪个是实现该功能的？（　　　）

A. append(content)　　　　　　　　　B. appendTo(content)

C. insertAfter(content) D. after(content)

3. 在 jQuey 中，如果想要从 DOM 中删除所有匹配的元素，下面哪一个是正确的？（　　　）

A. delete( )　　　　　　　　　　　B. empty( )

C. remove( )　　　　　　　　　　　D. removeAll( )

4. 在 jQuery 中，用一个表达式来检查当前选择的元素集合，使用 _____ 来实现，如果这个表达式失效，则返回 _____ 值。

5. 在 jQuery 中，想让一个元素隐藏，用 _____ 实现，显示 / 隐藏的元素用 _____ 实现。

二、案例演练：改变文本标题字体大小

按照如图 7-17 所示，实现在输入库中输入数字，点击"改变"按钮改变文本标题字体的大小的功能。

标题

[100] % [改变]

图 7-17　习题

<hr>

第 8 章　Bootstrap 技术

Bootstrap 来自 Twitter，是目前最受欢迎的前端框架之一，可用于快速构建 Web 应用程序。它具有以下特点：移动设备优先、响应式设计、浏览器支持、容易上手、容易定制等。Bootstrap 是基于 HTML、CSS、JavaScript 的，它简洁灵活，使得 Web 开发更加快捷。本章将讲解 Bootstrap 框架的基础：Bootstrap 的安装使用、Bootstrap 布局、Bootstrap 内容排版、Bootstrap 组件，每个部分都包含了与该主题相关的简单且有用的实例。

8.1　Bootstrap 的安装使用

在页面中通过引入相关 css 文件和 js 文件即可使用 Bootstrap，其中 css 只有一个 Bootstrap 核心 css 文件，而 js 除了 Bootstrap 的 js 外可能还需要 popper.js 和 jQuery 文件。我们可以通过下面的方式来获取 Bootstrap 库：

(1) 下载 Bootstrap 库到本地；

(2) 通过 CDN 加载 Bootstrap 库；

(3) 通过工具下载 Bootstrap 库。

1. 下载 Bootstrap 库

通过官网 https://getbootstrap.com/ 或者其他开发网站下载 Bootstrap 库，下载的 Bootstrap 一般有以下两个版本。

(1) 生产版本 (production)。这个版本的文件经过压缩处理，适用于生产环境，能够节省带宽、提高性能，一般带有 min 字样。

(2) 开发版本 (development)。这个版本的文件是未经过压缩处理的，适用于开发时进行调试。

使用下载 Bootstrap 的方式方便开发调试，开发的时候不受网络影响，加载速度快，可以进行离线的开发。下载解压后会看到如图 8-1 所示的 css 文件。

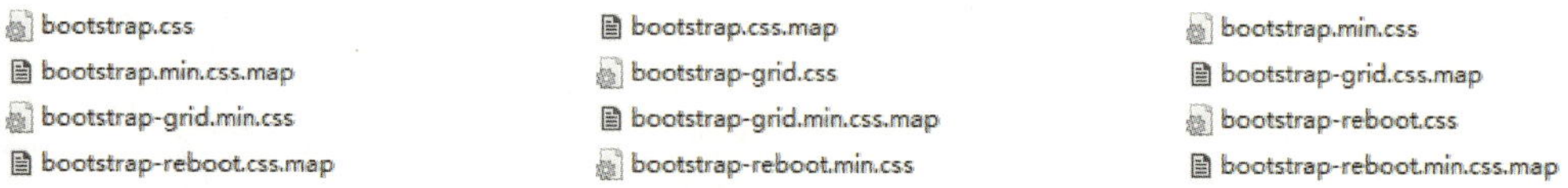

bootstrap.css	bootstrap.css.map	bootstrap.min.css
bootstrap.min.css.map	bootstrap-grid.css	bootstrap-grid.css.map
bootstrap-grid.min.css	bootstrap-grid.min.css.map	bootstrap-reboot.css
bootstrap-reboot.css.map	bootstrap-reboot.min.css	bootstrap-reboot.min.css.map

图 8-1　Bootstrap 样式 css 文件

Bootstrap 不同 css 文件影响的功能如表 8-1 所示。

表 8-1　Bootstrap 不同 css 文件影响的功能

css 文件	布　局	内容排版	组　件	工　具
bootstrap.css bootstrap.min.css	包括	包括	包括	包括
bootstrap-grid.css bootstrap-grid.min.css	只有栅格系统	不包括	不包括	只有 flex 工具
bootstrap-reboot.css bootstrap-reboot.min.css	不包括	只有 Reboot	不包括	不包括

表 8-1 中提及的 Reboot 用于调整浏览器之间样式的不一致。解压 Bootstrap 得到的 js 文件如图 8-2 所示，它们的区别如表 8-2 所示。

bootstrap.bundle.js　　　bootstrap.bundle.js.map　　　bootstrap.bundle.min.js
bootstrap.bundle.min.js.map　　bootstrap.js　　　bootstrap.js.map
bootstrap.min.js　　　bootstrap.min.js.map

图 8-2　Bootstrap 里的 js 文件

表 8-2　Bootstrap 里不同 js 文件的功能

js 文件	Popper	jQuery
bootstrap.bundle.js bootstrap.bundle.min.js	包括	不包括
bootstrap.js bootstrap.min.js	不包括	不包括

2. 通过 CDN 加载 Bootstrap 库

如果我们不想下载并保存 Bootstrap，那么也可以通过 CDN(内容分发网络) 引用 Bootstrap。表 8-3 中列举了一些常用的 Bootstrap CDN CSS。

表 8-3　Bootstrap CDN CSS

Bootstrap 中使用的 CSS	
官方推荐	https://stackpath.bootstrapcdn.com/bootstrap/4.5.2/css/bootstrap.min.css
Staticfile CDN	https://cdn.staticfile.org/twitter-bootstrap/4.5.2/css/bootstrap.min.css
Bootstrap 中使用的 JavaScript	
官方推荐	https://stackpath.bootstrapcdn.com/bootstrap/4.5.2/js/bootstrap.min.js
Staticfile CDN	https://cdn.staticfile.org/twitter-bootstrap/4.5.2/js/bootstrap.min.js
Bootstrap 中使用的 JavaScript bundle	
官方推荐	https://stackpath.bootstrapcdn.com/bootstrap/4.5.2/js/bootstrap.bundle.min.js
Staticfile CDN	https://cdn.staticfile.org/twitter-bootstrap/4.5.2/js/bootstrap.bundle.min.js

3. 通过工具下载 Bootstrap 库

在前端开发时常常会使用包管理工具来下载 Bootstrap。下面列出了一些下载 Bootstrap 库的常用的包管理工具。

1) 使用 npm 或 yarn

Bootstrap 已经在 npm 上注册了包，所以可以通过以下命令来下载最新的 Bootstrap 库。

```
npm install bootstrap
```

或者

```
yarn add bootstrap
```

2) 使用 RubyGems

Bootstrap 已经在 RubyGems 上注册了包，所以可以通过以下命令来下载最新的 Bootstrap 库。

```
gem 'bootstrap', '~> 4.5.2'
```

或者

```
gem install bootstrap -v 4.5.2
```

3) 使用 Composer

Bootstrap 已经在 Composer 上注册了包，所以可以通过以下命令来下载最新的 Bootstrap 库。

```
composer require twbs/bootstrap:4.5.2
```

4) NuGet

Bootstrap 已经在 NuGet 上注册了包，所以可以通过以下命令来下载最新的 Bootstrap 库。

```
Install-Package bootstrap
```

4. 代码模板

下载好 Bootstrap 库后，在接下来的练习案例中，我们都会用到例 8-1 所示代码模板来查看 Bootstrap 效果。

【例 8-1】 代码模板开发实例。

```html
<!DOCTYPE html>
<html lang="en">
<head>
    <meta charset="UTF-8">
    <meta name="viewport" content="width=device-width, initial-scale=1, shrink-to-fit=no">
    <link rel="stylesheet" href="./css/bootstrap.min.css"/>
    <title>template</title>
</head>
<body>
    <h1>Template</h1>
    <script src="./js/jquery-3.5.1.min.js"></script>
    <script src="./js/bootstrap.bundle.min.js"></script>
</body>
</html>
```

其中，相关的 css 文件和 js 文件都会放到根目录的 css 文件夹和 js 文件夹中。从例 8-1 中通过添加或删除代码 <link rel="stylesheet"href="./css/bootstrap.min.css"/> 来查看页面效果。可以看出，引入 css 和不引入 css 的页面效果不一样。

例 8-1 中除了引入相关文件，我们还能看到如下语句：

```
<meta name="viewport" content="width=device-width, initial-scale=1, shrink-to-fit=no">
```

这是用于移动端的属性配置。width=device-width 表示宽度是设备屏幕的宽度；initial-scale=1 表示初始化的比例为 1；shrink-to-fit=no 表示关闭自适应手机宽度，这是因为有些自适应的效果并不是我们想要的。

8.2　Bootstrap 布局

Bootstrap 为手机、平板电脑、笔记本、小型台式机、大型宽屏台式机等添加了响应特性，可以通过向页面添加 bootstrap-responsive.css 文件来让布局具有响应性。Bootstrap 内置了一套响应式、移动设备优先的流式栅格系统，随着屏幕设备或视口 (viewport) 尺寸的增加，系统会自动分为最多 12 列。Bootstrap 包含了易于使用的预定义 class，还有强大的混合功能方便布局。要了解 Bootstrap 的布局必须先了解两个基本概念：容器和栅格系统。

8.2.1　容器

容器 (Container) 是 Bootstrap 布局里面最基本的元素，后面的栅格系统也是基于容器进行的。容器用于包装其他内容，因此其他元素一般都是包含在容器里面的。虽然其他元素也能包含容器，但是大多数的布局不会这么做。

容器的类型如下：

(1) .container 表示在每个分界点 (breakpoint) 设置一个固定宽度；

(2) .container-fluid 表示任何时候宽度都是 100%；

(3) .container-{breakpoint} 表示在到达分界点前宽度都是 100%，达到后设置成固定宽度。

每种类型的临界点数值如表 8-4 所示。

表 8-4　临界点数值

	Extra small	Small	Medium	Large	Extra large
.container	100%	540 px	720 px	960 px	1140 px
.container-sm	100%	540 px	720 px	960 px	1140 px
.container-md	100%	100%	720 px	960 px	1140 px
.container-lg	100%	100%	100%	960 px	1140 px
.container-xl	100%	100%	100%	100%	1140 px
.container-fluid	100%	100%	100%	100%	100%

容器的使用如例 8-2 代码所示。

【例 8-2】　容器的使用开发实例。

```
<div class="container">container 容器 </div>
<div class="container-sm">container-sm 容器 </div>
<div class="container-md">container-md 容器 </div>
<div class="container-lg">container-lg 容器 </div>
<div class="container-xl">container-xl 容器 </div>
```

```
<div class="container-fluid">container-fluid 容器 </div>
```

程序运行后，通过调整浏览器宽度大小来观察各个容器的变化。

8.2.2 栅格系统

Bootstrap 的栅格系统 (grid system) 使用一系列的容器、行 (row) 和列 (column) 来进行布局和排版内容。在一个容器内，首先是一行一行地进行布局，然后每一行可以分成最多 12 列进行排放。例 8-3 代码展示了等宽栅格布局。

【例 8-3】 栅格系统开发实例。

```
<div class="container">
<div class="row">
<div class="col"> 第一行第一列 </div>
<div class="col"> 第一行第二列 </div>
</div>
<div class="row">
<div class="col"> 第二行第一列 </div>
<div class="col"> 第二行第二列 </div>
<div class="col"> 第二行第三列 </div>
</div>
</div>
```

为了让效果明显，代码中加了下面的样式：

```
<style>
  .container {
    background-color: aqua;
    border: solid 1px;
  }
  [class^="col"] {
    border: solid 1px;
  }
</style>
```

程序运行效果如图 8-3 所示。

图 8-3　例 8-3 运行效果图

根据代码和程序运行效果可以看出 .row 用于设置栅格的行，.col 用于设置栅格的列，每一列在没有特殊标明的情况下是平均分配宽度的，如果需要列与列之间的宽度不一样，可以在 col 后面加上"－数字"来调整，如例 8-4 所示。

【例 8-4】 使用数字调整栅格系统开发实例。

```
<div class="container">
  <div class="row">
    <div class="col"> 第一行第一列 </div>
    <div class="col-4"> 第一行第二列 </div>
  </div>
```

```
    <div class="row">
        <div class="col-2">第二行第一列 </div>
        <div class="col-3">第二行第二列 </div>
        <div class="col-4">第二行第三列 </div>
    </div>
</div>
```

程序运行后效果如图 8-4 所示。

图 8-4　例 8-4 运行效果图

可以看到，第一行中，优先给第二列分配了 col-4 的宽度，然后把剩余的宽度分配给第一列；第二行中，第一到第三列共分配了 8 份 (总共 12 份) 的宽度，然后将余下的宽度空余出来。

和容器的类一样，不同列的类会对容器宽度在特定的分界点设定一个最大宽度，如表 8-5 所示。

表 8-5　栅格系统分界点

	Extra small <576 px	Small ≥ 576 px	Medium ≥ 768 px	Large ≥ 992 px	Extra large ≥ 1200 px
容器最大宽度	自动	540 px	720 px	960 px	1140 px
类前缀	.col-	.col-sm-	.col-md-	.col-lg-	.col-xl-

【例 8-5】 栅格系统类前缀的使用开发实例。

```
<div class="container">
    <div class="row">
        <div class="col">第一行第一列 </div>
        <div class="col">第一行第二列 </div>
        <div class="col">第一行第三列 </div>
    </div>
    <div class="row">
        <div class="col-sm">第二行第一列 </div>
        <div class="col-sm">第二行第二列 </div>
        <div class="col-sm">第二行第三列 </div>
    </div>
</div>
```

运行代码，调整浏览器宽度到对应的临界点宽度，可以看到响应不一样，如图 8-5 所示。

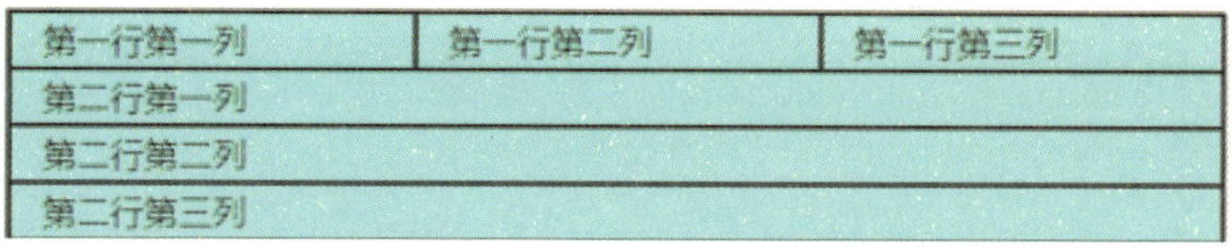

图 8-5　例 8-5 运行效果图

一般来说，如果不是对设备有特别的要求，使用 .col 或 .col-* 就可以了。

有时某一列的分布需要进行偏移，可使用 offset(-*)-* 类来设置。第一个位置括号表示分界点可以是 sm、md、lg、xl 之一，可省略；第二个位置星号表示偏移量，一般是 1 ～ 11 的数字，表示所占 12 里面的比例，如例 8-6 所示。

【例 8-6】 偏移量的使用开发实例。

```
<div class="container">
  <div class="row">
    <div class="col"> 第一行第一列 </div>
    <div class="col-2"> 第一行第二列 </div>
    <div class="col offset-2"> 第一行第三列 </div>
  </div>
  <div class="row">
    <div class="col"> 第二行第一列 </div>
    <div class="col"> 第二行第二列 </div>
    <div class="col"> 第二行第三列 </div>
  </div>
</div>
```

程序运行效果如图 8-6 所示。

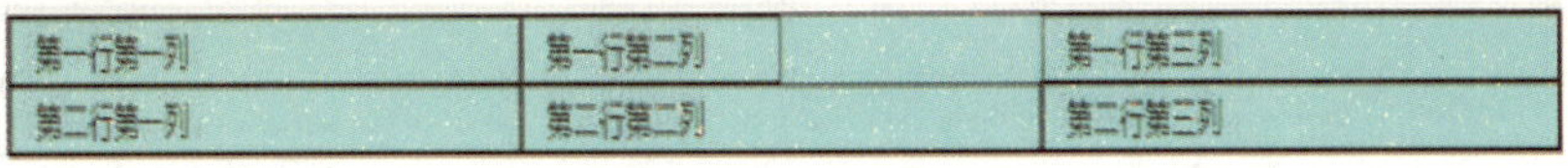

第一行第一列	第一行第二列	第一行第三列
第二行第一列	第二行第二列	第二行第三列

图 8-6　例 8-6 运行效果图

从图 8-6 可以看出，代码优先分配了指定宽度的列以及偏移量的宽度，然后把剩下的宽度再进行平均分配。

如果为了页面效果要限制一行的列个数，可以使用 row-cols-* 来进行限制，如例 8-7 代码所示。

【例 8-7】 限制列个数开发实例。

```
<div class="container">
  <div class="row row-cols-2">
    <div class="col"> 第一行第一列 </div>
    <div class="col"> 第一行第二列 </div>
    <div class="col"> 第一行第三列 </div>
  </div>
  <div class="row row-cols-3">
    <div class="col"> 第二行第一列 </div>
    <div class="col"> 第二行第二列 </div>
    <div class="col"> 第二行第三列 </div>
  </div>
</div>
```

程序运行效果如图 8-7 所示。

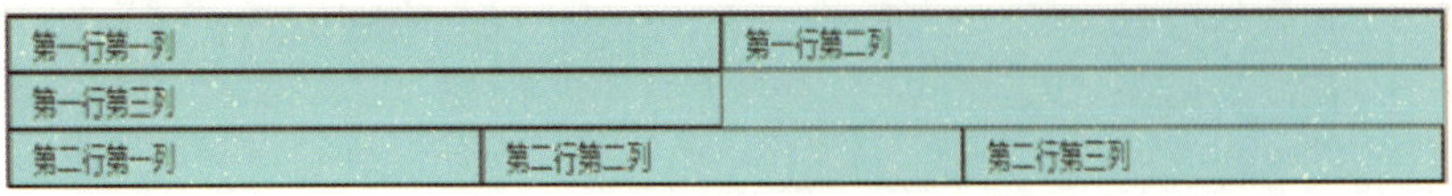

第一行第一列		第一行第二列	
第一行第三列			
第二行第一列	第二行第二列	第二行第三列	

图 8-7　例 8-7 运行效果图

从图 8-7 可以看到，第一行设置了一行两列，所以第一行第三列换行了。

8.3　Bootstrap 内容排版

Bootstrap 内容排版包括文字排版样式、代码排版样式、表格排版样式、图片排版样式等。

8.3.1　文字排版样式

Bootstrap 文字排版包括一些全局的设置，如标题样式、正文样式、列表样式等。

1. 标题样式

Bootstrap 对 h1 ~ h6 标签都实现了展示效果的优化，如例 8-8 所示代码。

【例 8-8】　标题样式开发实例。

```
<h1>h1 标签标题 </h1>
<h2>h2 标签标题 </h2>
<h3>h3 标签标题 </h3>
<h4>h4 标签标题 </h4>
<h5>h5 标签标题 </h5>
<h6>h6 标签标题 </h6>
```

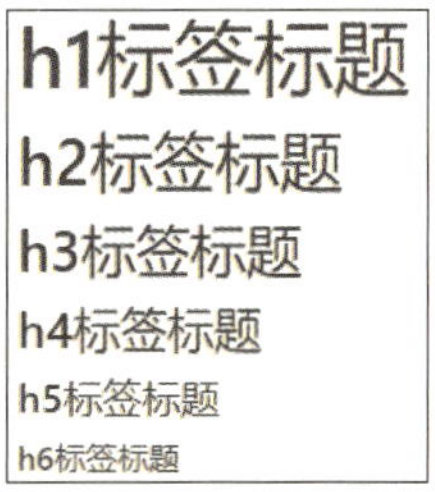

图 8-8　例 8-8 运行效果图

程序运行效果如图 8-8 所示。

如果因为某些原因不能使用相应的 HTML 标签，可以使用 h1 ~ h6 的类属性值，如例 8-9 代码所示。

【例 8-9】　使用类属性的标题样式开发实例。

```
<p class="h1">.h1 标签标题 </p>
<p class="h2">.h2 标签标题 </p>
<p class="h3">.h3 标签标题 </p>
<p class="h4">.h4 标签标题 </p>
<p class="h5">.h5 标签标题 </p>
<p class="h6">.h6 标签标题 </p>
```

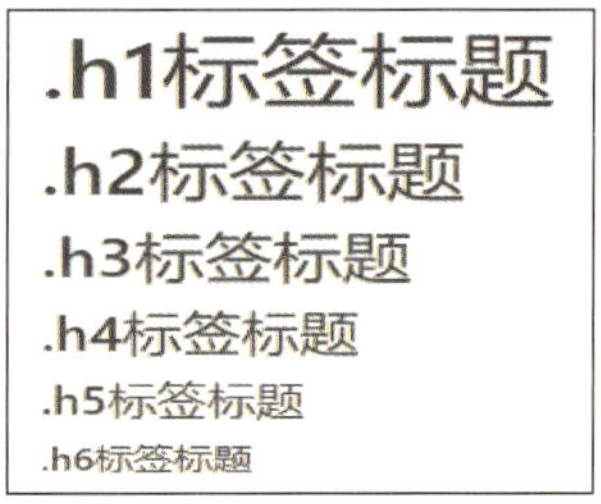

图 8-9　例 8-9 运行效果图

程序运行效果如图 8-9 所示。

如果标题需要突出显示，可以使用 display 属性值，代码如例 8-10 所示。

【例 8-10】　display 属性的标题开发实例。

```
<h1 class="display-1">Display 1</h1>
<h1 class="display-2">Display 2</h1>
<h1 class="display-3">Display 3</h1>
<h1 class="display-4">Display 4</h1>
```

图 8-10　例 8-10 运行效果图

程序运行效果如图 8-10 所示。

如果需要添加副标题，可以使用 small 标签。代码如例 8-11 所示。

【例 8-11】　small 副标题开发实例。

```
<h1> 主标题 <small class="text-muted"> 副标题 </small></h1>
```

程序运行效果如图 8-11 所示。

图 8-11　例 8-11 运行效果图

2. 正文样式

正文样式就是在正文中涉及的各种标签样式，例 8-12 的代码涵盖了大部分常用的标签样式。

【例 8-12】 正文样式开发实例。

```
<p class="lead">.lead 类用于突出段落 </p>
<p> 使用 mark 标签来 <mark> 突显文本 </mark></p>
<p><del> 使用 del 标签来表示文字被删除 </del></p>
<p><s> 使用 s 标签来表示文字不用过分注意 </s></p>
<p><ins> 使用 ins 标签来表示文字用于附加说明 </ins></p>
<p><u> 使用 u 标签来为文字添加下划线 </u></p>
<p><small> 使用 small 标签来使文字变小 </small></p>
<p><strong> 使用 strong 标签来表示文字被强调 </strong></p>
<p><em> 使用 em 标签来实现文字的斜体效果 </em></p>
<p> 使用 abbr 标签对缩写 <abbr title="HyperText Markup Language">HTML</abbr> 说明 </p>
<blockquote class="blockquote">
    <p class="mb-0">blockquote 标签用于引用其他内容 </p>
    <footer class="blockquote-footer">footer 标签用于引用的 <cite> 地方 </cite></footer>
</blockquote>
```

程序运行效果如图 8-12 所示。

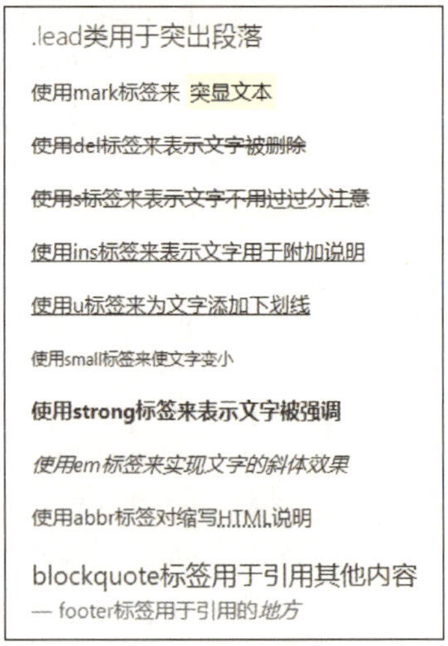

3. 列表样式

列表样式主要作用于列表相关的标签。例 8-13 代码通过使用相关类属性来影响列表样式。

【例 8-13】 列表样式开发实例。

```
<ul class="list-unstyled">
    <li> 无样式列表项 1</li>
      <ul>
        <li> 带样式列表项 1</li>
        <li> 带样式列表项 2</li>
      </ul>
    </li>
    <li> 无样式列表项 2</li>
    <ul class="list-inline">
        <li class="list-inline-item"> 行内列表项 1</li>
        <li class="list-inline-item"> 行内列表项 2</li>
    </ul>
    <li> 无样式列表项 3</li>
</ul>
```

程序运行效果如图 8-13 所示。

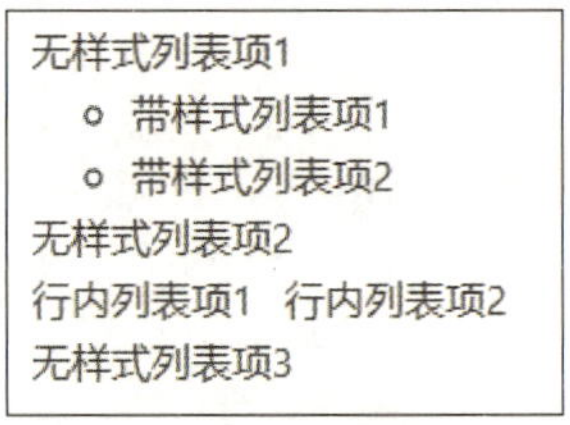

可以看出通过 class="list-unstyled" 把列表前的样式去掉了，通过 class="list-inline-item" 可以把列表项都放在同一行。带描述的列表代码如例 8-14 所示。

【例 8-14】 带描述的列表开发实例。

```
<dl class="row">
```

图 8-12　例 8-12 运行效果图

图 8-13　例 8-13 运行效果图

```
<dt class="col-sm-3"> 标题 1</dt>
<dd class="col-sm-9"> 这是一段描述文字 </dd>
<dt class="col-sm-3 text-truncate"> 这个标题有点长 ...</dt>
<dd class="col-sm-9"> 这是一段描述文字 </dd>
<dt class="col-sm-3"> 嵌套 </dt>
<dd class="col-sm-9">
  <dl class="row">
    <dt class="col-sm-4"> 嵌套标题 </dt>
    <dd class="col-sm-8"> 这是一段描述文字 </dd>
  </dl>
</dd>
</dl>
```

程序运行效果如图 8-14 所示。

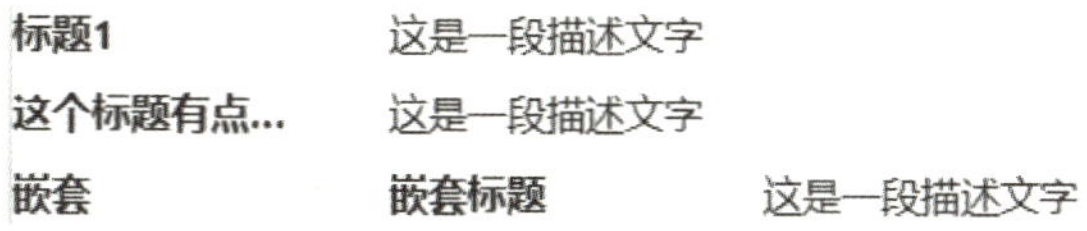

图 8-14　例 8-14 运行效果图

通过图 8-14 的效果可以看出，使用 .text-truncate 可以截断过长的文字。

8.3.2　代码排版样式

Bootstrap 代码样式常用于展示和代码相关标签 (如 <code> 标签) 的效果。例 8-15 展示了常用的代码标签。

【例 8-15】　代码样式开发实例。

```
<code>
  &lt;code&gt; 标签用于显示代码 ;HTML 的标签涉及的符号记得转义
</code>

<pre>
  <code>
    如果代码块有多行，要换行的话需要使用 &lt;pre&gt; 标签
    公式使用 &lt;var&gt; 标签，效果 <var>y</var> = <var>a</var><var>x</var> + <var>b</var>
    按键使用 &lt;kbd&gt; 标签，效果 <kbd> 按键 </kbd>
    使用 <samp> 来展示样例
  </code>
</pre>
<samp> 使用 &lt;samp&gt; 来展示样例 </samp>
```

程序运行效果如图 8-15 所示。

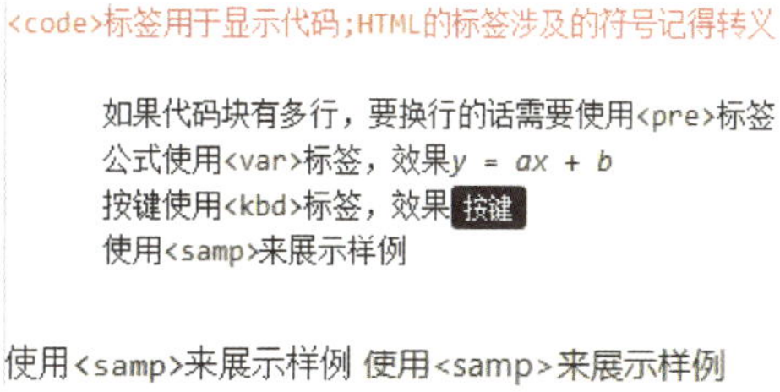

图 8-15　例 8-15 运行效果图

8.3.3 表格排版样式

Bootstrap 表格样式提供了一些表格 (table) 标签相关的样式，基础类为 .table，代码如例 8-16 所示。

【例 8-16】 表格样式开发实例。

```html
<table class="table">
  <thead>
    <tr>
      <th scope="col">#</th>
      <th scope="col"> 姓名 </th>
      <th scope="col"> 性别 </th>
    </tr>
  </thead>
  <tbody>
    <tr>
      <th scope="row">1</th>
      <td> 张三 </td>
      <td> 男 </td>
    </tr>
    <tr>
      <th scope="row">2</th>
      <td> 李四 </td>
      <td> 女 </td>
    </tr>
    <tr>
      <th scope="row">3</th>
      <td> 王五 </td>
      <td> 男 </td>
    </tr>
  </tbody>
</table>
```

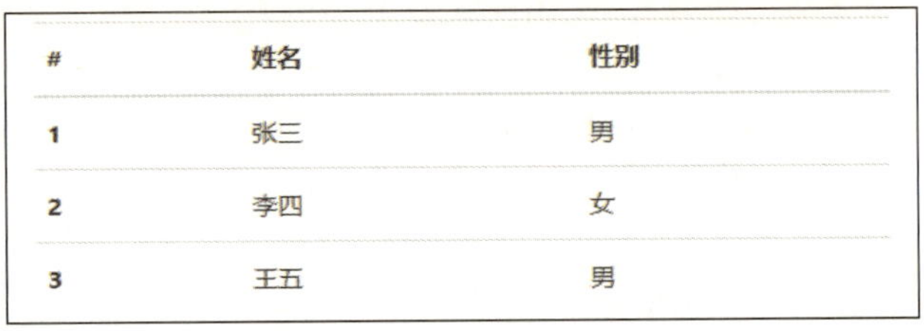

#	姓名	性别
1	张三	男
2	李四	女
3	王五	男

图 8-16　例 8-16 运行效果图

程序运行效果如图 8-16 所示。

表 8-6 列出了表格中常用的类。

表 8-6　表格中常用的类

效　果	类
表格样式	.table-dark
表格头样式	.thead-light 或 .thead-dark
条纹表格	.table-striped
带边框表格	.table-bordered
无边框表格	.table-borderless
鼠标停留显示	.table-hover
表格	.table-sm

8.3.4　图片排版样式

Bootstrap 的图片样式主要给图片标签加了响应式的效果 (不会比父元素更大)，并给了些轻量级、实用的图片效果。

使用 .img-fluid 可使图片达到响应式效果，这个样式等于设置了 max-width: 100%; height: auto; 的样式，代码如例 8-17 所示。

【例 8-17】　图片样式开发实例。

```
<img src="assets/img.png" class="img-fluid" alt=" 响应式图片 ">
```

程序运行效果如图 8-17 所示。

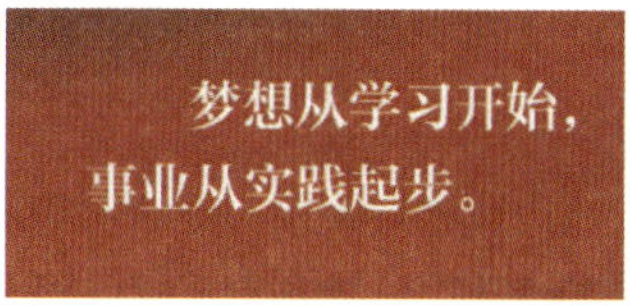

运行代码后，调整浏览器宽度会看到图片大小也会跟着调整。

使用 .img-thumbnail 则可以实现缩略图效果，代码如例 8-18 所示。

图 8-17　例 8-17 运行效果图

【例 8-18】　缩略图开发实例。

```
<img src="assets/img2.png" class="img-thumbnail" alt=" 缩略图片 ">
```

程序运行效果如图 8-18 所示。

从图 8-18 可以看到外层多了一个边框 (注意要使用一张背景透明的图)。

使用 .float-left 和 .float-right 则可以实现图片对齐效果，代码如例 8-19 所示。

【例 8-19】　图片对齐开发实例。

图 8-18　例 8-18 运行效果图

```
<img src="assets/img2.png" class="float-left" alt=" 对齐图片 ">
<img src="assets/img2.png" class="float-right" alt=" 对齐图片 ">
```

程序运行效果如图 8-19 所示。

粉色花朵　　　粉色花朵

8.4　Bootstrap 组件

图 8-19　例 8-19 运行效果图

Bootstrap 组件包含了各式各样日常页面开发中用到的组件样式，方便我们在前期开发中设计出美观的页面。

8.4.1　警告框 (Alerts)

警告框常用于信息提醒。Bootstrap 提供了多种警告框样式并能适配各种长度的文字信息，下面代码展示了警告框的各种样式和一些常用功能，大家可以根据实际情况来进行选择显示。

【例 8-20】　警告框开发实例。

```
<div class="alert alert-primary">
    表示主要信息的警告框
</div>
<div class="alert alert-secondary">
```

```
    表示次要信息的警告框
</div>
<div class="alert alert-success">
    表示成功信息的警告框
</div>
<div class="alert alert-danger">
    表示危险信息的警告框
</div>
<div class="alert alert-warning">
    表示警告信息的警告框
</div>
<div class="alert alert-info">
    表示 " 有信息 " 的警告框
</div>
<div class="alert alert-light">
    浅色的警告框
</div>
<div class="alert alert-dark">
    深色的警告框
</div>
```

图 8-20　例 8-20 运行效果图

程序运行效果如图 8-20 所示。

警告框内的链接使用 . alert-link 可让链接样式和警告框样式一致，可以嵌套一些其他的 HTML 元素以及加上关闭的功能，代码如例 8-21 所示。

【例 8-21】　警告框附加功能开发实例。

```
<div class="alert alert-info">
    表示 " 有信息 " 的警告框，<a href="#" class="alert-link"> 链接 </a>
</div>
<div class="alert alert-warning">
    <h4> 警告框头部 </h4>
    表示警告信息的警告框
</div>
<div class="alert alert-danger">
    表示危险信息的警告框，点击旁边的 &times; 关闭
    <button type="button" class="close" data-dismiss="alert">
        <span>&times;</span>
    </button>
</div>
```

图 8-21　例 8-21 运行效果图

程序运行效果如图 8-21 所示。

8.4.2　徽章 (Badge)

徽章常用于一些小信息的提醒，如收到新消息的提醒，有多少未读信息等。Bootstrap 为徽章提供了各种样式。

【例 8-22】　徽章开发实例。

```
<span class="badge badge-primary"> 主要 </span>
<span class="badge badge-secondary"> 次要 </span>
```

```
<span class="badge badge-success"> 成功 </span>
<span class="badge badge-danger"> 危险 </span>
<span class="badge badge-warning"> 警告 </span>
<span class="badge badge-info"> 信息 </span>
<span class="badge badge-light"> 浅色 </span>
<span class="badge badge-dark"> 深色 </span>
```

程序运行效果如图 8-22 所示。

图 8-22　例 8-22 运行效果图

徽章能根据父元素的大小进行调整，而 .badge-pill 能改变徽章的外形为药丸形状，如例 8-23 所示。

【例 8-23】　徽章 .badge-pill 开发实例。

```
<h4> 头部信息 <span class="badge badge-pill badge-secondary"> 新信息 </span></h4>
<h5> 头部信息 <span class="badge badge-pill badge-secondary"> 新信息 </span></h5>
<h6> 头部信息 <span class="badge badge-pill badge-secondary"> 新信息 </span></h6>
```

程序运行效果如图 8-23 所示。

图 8-23　例 8-23 运行效果图

8.4.3　面包屑导航 (Breadcrumb)

面包屑导航用于展示用户到达本页面的路径轨迹。代码如例 8-24 所示。

【例 8-24】　面包屑导航开发实例。

```
<nav>
  <ol class="breadcrumb">
    <li class="breadcrumb-item"><a href="#"> 首页 </a></li>
    <li class="breadcrumb-item"><a href="#"> 第一层 </a></li>
    <li class="breadcrumb-item active"> 当前页面 </li>
  </ol>
</nav>
```

首页 / 第一层 / 当前页面

图 8-24　例 8-24 运行效果图

程序运行效果如图 8-24 所示。

8.4.4　按钮 (Buttons)

按钮常用于点击触发事件。Bootstrap 为按钮提供了多种样式，基础用法如例 8-25 所示。

【例 8-25】　按钮样式开发实例。

```
<button type="button" class="btn btn-primary"> 主要 </button>
<button type="button" class="btn btn-secondary"> 次要 </button>
<button type="button" class="btn btn-success"> 成功 </button>
<button type="button" class="btn btn-danger"> 危险 </button>
```

```
<button type="button" class="btn btn-warning"> 警告 </button>
<button type="button" class="btn btn-info"> 信息 </button>
<button type="button" class="btn btn-light"> 浅色 </button>
<button type="button" class="btn btn-dark"> 深色 </button>
<button type="button" class="btn btn-link"> 链接 </button>
```

程序运行效果如图 8-25 所示。

图 8-25　例 8-25 运行效果图

如果不想要上述充满背景颜色的效果，可以使用 .btn-outline-* 的轮廓样式，代码如例 8-26 所示。

【例 8-26】　轮廓按钮样式开发实例。

```
<button type="button" class="btn btn-outline-primary"> 主要 </button>
<button type="button" class="btn btn-outline-secondary"> 次要 </button>
<button type="button" class="btn btn-outline-success"> 成功 </button>
<button type="button" class="btn btn-outline-danger"> 危险 </button>
<button type="button" class="btn btn-outline-warning"> 警告 </button>
<button type="button" class="btn btn-outline-info"> 信息 </button>
<button type="button" class="btn btn-outline-light"> 浅色 </button>
<button type="button" class="btn btn-outline-dark"> 深色 </button>
<button type="button" class="btn btn-outline-link"> 链接 </button>
```

程序运行效果如图 8-26 所示。

图 8-26　例 8-26 运行效果图

上述对按钮元素生效的样式还能对 <a> 元素和 <input> 元素生效，代码如例 8-27 所示。

【例 8-27】　a/inpt 元素按钮开发实例。

```
<a class="btn btn-primary" href="#">a 元素 </a>
<button class="btn btn-primary" type="submit">button 元素 </button>
<input class="btn btn-primary" type="button" value="input 元素 button">
<input class="btn btn-primary" type="submit" value="input 元素 submit">
<input class="btn btn-primary" type="reset" value="input 元素 reset">
```

程序运行效果如图 8-27 所示。

图 8-27　例 8-27 运行效果图

Bootstrap 还提供了按钮大小可调整的样式以及块级效果样式，代码如例 8-28 所示。

【例 8-28】　不同大小的按钮开发实例。

```
<button type="button" class="btn btn-primary btn-sm"> 小按钮 </button>
<button type="button" class="btn btn-primary"> 正常按钮 </button>
<button type="button" class="btn btn-primary btn-lg"> 大按钮 </button>
<button type="button" class="btn btn-primary btn-sm btn-block"> 块级小按钮 </button>
<button type="button" class="btn btn-primary btn-block"> 块级按钮 </button>
<button type="button" class="btn btn-primary btn-lg btn-block"> 块级按钮 </button>
```

程序运行效果如图 8-28 所示。

图 8-28　例 8-28 运行效果图

8.4.5　按钮组 (Button group)

按钮组把按钮放到一起，方便对按钮更好地进行分类管理以及统一处理。按钮组开发的基础方法如例 8-29 所示。

【例 8-29】　按钮组开发实例。

```
<div class="btn-group">
    <button type="button" class="btn btn-secondary"> 左 </button>
    <button type="button" class="btn btn-secondary"> 中 </button>
    <button type="button" class="btn btn-secondary"> 右 </button>
</div>
<div class="btn-group-vertical">
    <button type="button" class="btn btn-secondary"> 上 </button>
    <button type="button" class="btn btn-secondary"> 中 </button>
    <button type="button" class="btn btn-secondary"> 下 </button>
</div>
```

程序运行效果如图 8-29 所示。

图 8-29　例 8-29 运行效果图

按钮组可以同时设置按钮大小，不用对每个按钮都设置一遍，代码如例 8-30 所示。

【例 8-30】　按钮组大小设置开发实例。

```
<div class="btn-group btn-group-lg">
    <button type="button" class="btn btn-secondary"> 左 </button>
    <button type="button" class="btn btn-secondary"> 中 </button>
    <button type="button" class="btn btn-secondary"> 右 </button>
</div>
<div class="btn-group">
    <button type="button" class="btn btn-secondary"> 左 </button>
    <button type="button" class="btn btn-secondary"> 中 </button>
    <button type="button" class="btn btn-secondary"> 右 </button>
</div>
<div class="btn-group btn-group-sm">
    <button type="button" class="btn btn-secondary"> 左 </button>
```

```
        <button type="button" class="btn btn-secondary"> 中 </button>
        <button type="button" class="btn btn-secondary"> 右 </button>
    </div>
```

程序运行效果如图 8-30 所示。

图 8-30　例 8-30 运行效果图

按钮组还能嵌套使用并通过添加样式来实现下拉效果，代码如例 8-31 所示。

【例 8-31】　按钮组实现下拉效果开发实例。

```
<div class="btn-group btn-group-lg">
    <button type="button" class="btn btn-secondary"> 按钮 1</button>
    <button type="button" class="btn btn-secondary"> 按钮 2</button>
    <div class="btn-group">
        <button id="btnGroupDrop1" type="button" class="btn btn-secondary dropdown-toggle" data-
toggle="dropdown"> 下拉 </button>
        <div class="dropdown-menu">
            <a class="dropdown-item" href="#"> 下拉 1</a>
            <a class="dropdown-item" href="#"> 下拉 2</a>
        </div>
    </div>
</div>
```

运行代码，点击下拉按钮，效果如图 8-31 所示。

图 8-31　例 8-31 运行效果图

8.4.6　卡片 (Card)

卡片提供了卡片样式的内容容器。Bootstrap 卡片提供了很多展示卡片的样式，其基础用法如例 8-32 所示。

【例 8-32】　卡片开发实例。

```
<div class="card" style="width: 18rem;">
    <img src="./assets/img.png" class="card-img-top">
    <div class="card-body">
        <h5 class="card-title"> 标题 </h5>
        <p class="card-text"> 简介内容 </p>
        <a href="#" class="btn btn-primary"> 跳转链接 </a>
    </div>
</div>
```

图 8-32　例 8-32 运行效果图

程序运行效果如图 8-32 所示。

8.4.7 轮播 (Carousel)

轮播是指轮流循环播放一组图片或文字的区域。Bootstrap 为轮播提供了方便的样式，代码如例 8-33 所示。

【例 8-33】 轮播开发实例。

```
<div id="carouselIndicators" class="carousel slide" data-ride="carousel">
   <div class="carousel-inner">
      <div class="carousel-item active">
         <img src="./assets/img-slide.jpg" class="d-block w-100" alt="...">
      </div>
      <div class="carousel-item">
         <img src="./assets/img-slide2.jpg" class="d-block w-100" alt="...">
      </div>
      <div class="carousel-item">
         <img src="./assets/img-slide3.jpg" class="d-block w-100" alt="...">
      </div>
   </div>
   <a class="carousel-control-prev" href="#carouselIndicators" data-slide="prev">
      <span class="carousel-control-prev-icon"></span>
   </a>
   <a class="carousel-control-next" href="#carouselIndicators" data-slide="next">
      <span class="carousel-control-next-icon"></span>
   </a>
</div>
```

程序运行效果如图 8-33 所示。

图 8-33　例 8-33 运行效果图

代码中有 3 张图片在进行自动轮播，点击两边的控制按钮也能进行图片的切换。

8.4.8 折叠 (Collapse)

折叠是指用折叠的方式来显示或隐藏某个内容区域，代码如例 8-34 所示。

【例 8-34】 折叠开发实例。

```
<p>
   <a class="btn btn-primary" data-toggle="collapse" href="#collapseId">
      a 元素的折叠
   </a>
   <button class="btn btn-primary" type="button" data-toggle="collapse" data-target="#collapseId">
      button 元素的折叠
   </button>
```

```
    </p>
    <div class="collapse" id="collapseId">
        <div class="card card-body">
            这是被折叠的内容
        </div>
    </div>
```

程序运行效果如图 8-34 所示。

图 8-34　例 8-34 运行效果图

点击任意按钮都能对内容进行折叠。

8.4.9　下拉菜单 (Dropdowns)

下拉菜单用于显示一个链接列表，常用于菜单导航。代码如例 8-35 所示。

【例 8-35】　下拉菜单开发实例。

```
    <div class="dropdown">
        <button class="btn btn-secondary dropdown-toggle" type="button" data-toggle="dropdown">
            下拉按钮
        </button>
        <div class="dropdown-menu">
            <a class="dropdown-item" href="#"> 链接 1</a>
            <a class="dropdown-item" href="#"> 链接 2</a>
        </div>
    </div>
```

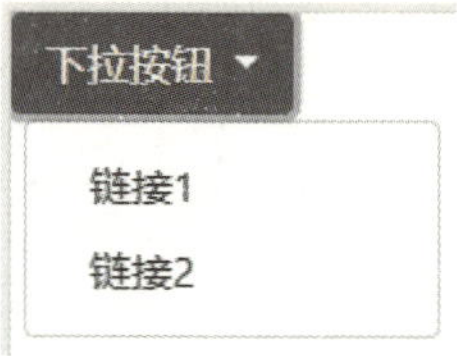

图 8-35　例 8-35 运行效果图

程序运行效果如图 8-35 所示。

8.4.10　表单 (Forms)

Bootstrap 表单为表单提供了样式和布局选项，方便我们简单快捷地设计出各式各样的表单。例 8-36 的代码展示了表单的基本用法。

【例 8-36】　表单开发实例。

```
    <form>
        <div class="form-group">
            <label> 输入框 input</label>
            <input type="email" class="form-control">
            <small class="form-text text-muted"> 小字提醒 </small>
        </div>
        <div class="form-group">
            <label>select 选择 </label>
            <select class="form-control">
                <option> 选择 1</option>
                <option> 选择 2</option>
            </select>
        </div>
        <div class="form-group">
            <label class="form-check-label">radio 选择 </label>
```

```
        <div class="form-check">
          <div class="form-check form-check-inline">
            <input class="form-check-input" type="radio" name="exampleRadios" value="option1"
            id="inlineRadio1" checked>
              <label class="form-check-label" for="inlineRadio1">radio1</label>
          </div>
          <div class="form-check form-check-inline">
            <input class="form-check-input" type="radio" name="exampleRadios" value="option2"
            id="inlineRadio2">
              <label class="form-check-label" for="inlineRadio2">radio2</label>
          </div>
        </div>
      </div>
      <div class="form-group">
        <label class="form-check-label">checkbox 选择 </label>
        <div class="form-check">
          <div>
            <input type="checkbox" class="form-check-input">
            <label class="form-check-label">checkbox1 </label>
          </div>
        </div>
      </div>
      <div class="form-group">
        <label> 选择文件 </label>
        <input type="file" class="form-control-file">
      </div>
      <button type="submit" class="btn btn-primary"> 提交 </button>
    </form>
```

图 8-36　例 8-36 运行效果图

程序运行效果如图 8-36 所示。

8.4.11　输入组 (Input group)

输入组扩展了输入框 (input 元素) 的展示方式，可以提供额外的文本、按钮、选择输入以及文件选择，其基础用法如例 8-37 所示。

【例 8-37】　输入组开发实例。

```
<div class="input-group mb-1">
  <input type="text" class="form-control" placeholder=" 输入 ">
  <div class="input-group-append">
    <span class="input-group-text">@example.com</span>
  </div>
</div>
<div class="input-group mb-1">
  <div class="input-group-prepend">
    <span class="input-group-text"> 多个输入 </span>
```

```
    </div>
    <input type="text" class="form-control">
    <input type="text" class="form-control">
</div>
<div class="input-group mb-1">
  <div class="input-group-prepend">
    <button class="btn btn-outline-secondary" type="button"> 按钮 </button>
  </div>
  <input type="text" class="form-control" placeholder="">
</div>
```

程序运行效果如图 8-37 所示。

图 8-37　例 8-37 运行效果图

8.4.12　巨幕 (Jumbotron)

巨幕用于需要显示大单元的地方，把需要展示的东西用大块面积表示出来。代码如例 8-38 所示。

【例 8-38】　巨幕开发实例。

```
<div class="jumbotron">
  <h1 class="display-4"> 巨幕！ </h1>
  <p class="lead"> 巨幕信息 </p>
</div>
```

程序运行效果如图 8-38 所示。

巨幕！

巨幕信息

图 8-38　例 8-38 运行效果图

8.4.13　列表组 (List group)

列表组提供了列表显示的样式，代码如例 8-39 所示。

【例 8-39】　列表组开发实例。

```
<ul class="list-group">
  <li class="list-group-item active"> 列表选项 1</li>
  <li class="list-group-item"> 列表选项 2</li>
  <li class="list-group-item"> 列表选项 3</li>
</ul>
```

程序运行效果如图 8-39 所示。

图 8-39　例 8-39 运行效果图

8.4.14　媒体对象 (Media object)

Bootstrap 媒体对象提供了媒体 (如图片) 加文字描述的组件，常用于博客评论这种需要有图片和文字组合的场景。代码如例 8-40 所示。

【例 8-40】　媒体对象开发实例。

```
<div class="media">
    <img src="./assets/img2.png" class="mr-3" alt="...">
    <div class="media-body">
        <h5 class="mt-0"> 标题 </h5>
            这是一段文字描述。
    </div>
</div>
```

程序运行效果如图 8-40 所示。

图 8-40　例 8-40 运行效果图

8.4.15　模态框 (Modal)

模态框常用于对操作进一步确认的提示。模态框开发代码如例 8-41 所示。

【例 8-41】　模态框开发实例。

```
<button type="button" class="btn btn-primary" data-toggle="modal" data-target="#modal">
    弹出按钮
</button>
<div class="modal fade" id="modal" tabindex="-1">
    <div class="modal-dialog">
        <div class="modal-content">
            <div class="modal-header">
                <h5 class="modal-title"> 标题 </h5>
                <button type="button" class="close" data-dismiss="modal">
                    <span>&times;</span>
                </button>
            </div>
```

```
        <div class="modal-body">
            提醒的内容
        </div>
        <div class="modal-footer">
            <button type="button" class="btn btn-secondary" data-dismiss="modal"> 关闭 </button>
            <button type="button" class="btn btn-primary"> 确定 </button>
        </div>
    </div>
  </div>
</div>
```

运行代码，点击"弹出"按钮，程序运行效果如图 8-41 所示。

图 8-41　例 8-41 运行效果图

8.4.16　导航 (Navs)

导航用于为页面进行分类导航。Bootstrap 为导航提供了多种样式，其基础用法如例 8-42 所示。

【例 8-42】　导航开发实例。

```
        <ul class="nav nav-tabs">
          <li class="nav-item">
            <a class="nav-link active" href="#"> 首页 </a>
          </li>
          <li class="nav-item">
            <a class="nav-link" href="#"> 项目一 </a>
          </li>
          <li class="nav-item">
            <a class="nav-link" href="#"> 项目二 </a>
          </li>
          <li class="nav-item">
            <a class="nav-link disabled" href="#" tabindex="-1"> 禁用 </a>
          </li>
        </ul>
```

程序运行效果如图 8-42 所示。

图 8-42　例 8-42 运行效果图

8.4.17 导航条 (Navbar)

导航条给导航增加了响应式的能力。其开发代码如例 8-43 所示。

【例8-43】 导航条开发实例。

```
<nav class="navbar navbar-expand-lg navbar-light bg-light">
  <a class="navbar-brand" href="#"> 导航条 </a>
  <button class="navbar-toggler" type="button" data-toggle="collapse" data-target="#navbarSupport
  edContent">
    <span class="navbar-toggler-icon"></span>
  </button>

  <div class="collapse navbar-collapse">
    <ul class="navbar-nav mr-auto">
      <li class="nav-item active">
        <a class="nav-link" href="#"> 首页 </a>
      </li>
      <li class="nav-item">
        <a class="nav-link" href="#"> 链接 </a>
      </li>
      <li class="nav-item">
        <a class="nav-link" href="#"> 我的 </a>
      </li>
      <li class="nav-item">
        <a class="nav-link disabled" href="#" tabindex="-1"> 禁用 </a>
      </li>
    </ul>
    <form class="form-inline my-2 my-lg-0">
      <input class="form-control mr-sm-2" type="search" placeholder=" 搜索 ">
      <button class="btn btn-outline-success my-2 my-sm-0" type="submit"> 搜索 </button>
    </form>
  </div>
</nav>
```

运行代码，调整浏览器窗口大小，当宽度缩小到一定程度后效果如图 8-43 所示。

图 8-43 例 8-43 运行效果图

8.4.18 分页 (Pagination)

分页常用于数据查询不能显示在同一页的情况。分页开发实例如例 8-44 所示。

【例 8-44】 分页开发实例。

```
<nav>
  <ul class="pagination">
    <li class="page-item">
      <a class="page-link" href="#">
        <span>&laquo;</span>
      </a>
    </li>
    <li class="page-item"><a class="page-link" href="#">1</a></li>
    <li class="page-item"><a class="page-link" href="#">2</a></li>
    <li class="page-item"><a class="page-link" href="#">3</a></li>
    <li class="page-item">
      <a class="page-link" href="#">
        <span>&raquo;</span>
      </a>
    </li>
  </ul>
</nav>
```

程序运行效果如图 8-44 所示。

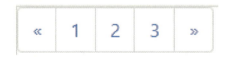

图 8-44 例 8-44 运行效果图

8.4.19 弹出框 (Popovers)

弹出框常用于消息提示说明。Bootstrap 弹出框使用了 Popper.js 库。弹出框开发基础用法如例 8-45 所示。

【例 8-45】 弹出框开发实例。

```
<button type="button" class="btn btn-secondary" data-container="body" data-toggle="popover" data-placement="top" data-content=" 向上弹出内容 ">
    向上弹出
</button>


<button type="button" class="btn btn-secondary" data-container="body" data-toggle="popover" data-placement="right" data-content=" 向右弹出内容 ">
    向右弹出
</button>
```

```
<button type="button" class="btn btn-secondary" data-container="body" data-toggle="popover" data-
placement="bottom" data-content=" 向下弹出内容 ">
    向下弹出
</button>

<button type="button" class="btn btn-secondary" data-container="body" data-toggle="popover" data-
placement="left" data-content=" 向左弹出内容 ">
    向左弹出
</button>
```
要让 button 点击生效，需要在引入的 js 后加上下面代码：
```
<script>
    $('[data-toggle="popover"]').popover( )
</script>
```

运行代码，点击按钮后会看到如图 8-45 所示的效果。

图 8-45　例 8-45 运行效果图

8.4.20　进度条 (Progress)

进度条常用于显示耗时操作的进度。例 8-46 代码展示了进度条常用样式的使用情况。

【例 8-46】　进度条开发实例。

```
<div class="progress mb-1">
    <div class="progress-bar"></div>
</div>
<div class="progress mb-1">
    <div class="progress-bar bg-success" style="width: 25%">25%</div>
</div>
<div class="progress mb-1">
    <div class="progress-bar w-50 bg-info"></div>
</div>
<div class="progress mb-1" style="height: 1px;">
    <div class="progress-bar bg-warn" style="width: 75%"></div>
</div>
<div class="progress mb-1">
    <div class="progress-bar progress-bar-striped bg-danger" style="width: 100%"></div>
</div>
```

程序运行效果如图 8-46 所示。

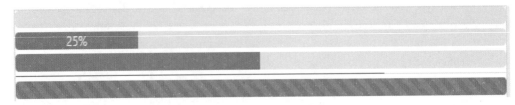

图 8-46　例 8-46 运行效果图

8.4.21　滚动监听 (Scrollspy)

滚动监听会根据滚动条位置来更新导航条的目标选项。Bootstrap 滚动监听属性的使用需要注意：data-spy="scroll" 用于监听滚动的元素，data-target 用于 .nav 组件。滚动监听开发代码如例 8-47 所示。

【例 8-47】　滚动监听开发实例。

```
<nav id="navbar" class="navbar navbar-light bg-light fixed-top">
  <a class="navbar-brand" href="#"> 导航条 </a>
  <ul class="nav nav-pills">
    <li class="nav-item">
      <a class="nav-link" href="#proj1"> 项目一 </a>
    </li>
    <li class="nav-item">
      <a class="nav-link" href="#proj2"> 项目二 </a>
    </li>
    <li class="nav-item dropdown">
      <a class="nav-link dropdown-toggle" data-toggle="dropdown" href="#"> 下拉 </a>
      <div class="dropdown-menu">
        <a class="dropdown-item" href="#one"> 下拉项 1</a>
        <a class="dropdown-item" href="#two"> 下拉项 2</a>
        <div class="dropdown-divider"></div>
        <a class="dropdown-item" href="#three"> 下拉项 3</a>
      </div>
    </li>
  </ul>
</nav>
<div>
  <h4 id="proj1"> 项目一 </h4>
  <p> 滚动这个段落并观察导航条的变化 </p>
  <p> 滚动这个段落并观察导航条的变化 </p>
  <p> 滚动这个段落并观察导航条的变化 </p>
  <p> 滚动这个段落并观察导航条的变化 </p>
  <h4 id="proj2"> 项目二 </h4>
  <p> 滚动这个段落并观察导航条的变化 </p>
  <p> 滚动这个段落并观察导航条的变化 </p>
```

```
        <p> 滚动这个段落并观察导航条的变化 </p>
        <p> 滚动这个段落并观察导航条的变化 </p>
        <h4 id="one"> 下拉项 1</h4>
        <p> 滚动这个段落并观察导航条的变化 </p>
        <p> 滚动这个段落并观察导航条的变化 </p>
        <p> 滚动这个段落并观察导航条的变化 </p>
        <p> 滚动这个段落并观察导航条的变化 </p>
        <h4 id="two"> 下拉项 2</h4>
        <p> 滚动这个段落并观察导航条的变化 </p>
        <p> 滚动这个段落并观察导航条的变化 </p>
        <p> 滚动这个段落并观察导航条的变化 </p>
        <p> 滚动这个段落并观察导航条的变化 </p>
        <h4 id="three"> 下拉项 3</h4>
        <p> 滚动这个段落并观察导航条的变化 </p>
        <p> 滚动这个段落并观察导航条的变化 </p>
        <p> 滚动这个段落并观察导航条的变化 </p>
    <   p> 滚动这个段落并观察导航条的变化 </p>
        </div>
```

body 元素修改如下：

```
<body data-spy="scroll" data-target="#navbar" data-offset="0">
```

添加如下样式：

```
<style>
  body {
    position: relative;
  }
  h4 {
    padding-top: 70px;
  }
</style>
```

运行代码，滚动滚动条，可看到如图 8-47 所示的效果。

图 8-47　例 8-47 运行效果图

8.4.22　旋转图标 (Spinners)

旋转图标常用于加载状态，其开发代码如例 8-48 所示。

【例 8-48】　旋转图标开发实例。

```
<div class="spinner-border text-primary"></div>
<div class="spinner-border text-secondary"></div>
<div class="spinner-border text-success"></div>
<div class="spinner-border text-danger"></div>
<div class="spinner-border text-warning"></div>
<div class="spinner-border text-info"></div>
<div class="spinner-border text-light"></div>
<div class="spinner-border text-dark"></div>
<div class="spinner-grow"></div>
<div class="spinner-grow spinner-grow-sm"></div>
```

程序运行效果如图 8-48 所示。

图 8-48　例 8-48 运行效果图

8.4.23　轻量弹框 (Toasts)

轻量弹框常用于消息提醒，其开发代码如例 8-49 所示。

【例 8-49】　轻量弹框开发实例。

```
<button class="btn btn-primary ">toast</button>
<div class="toast">
  <div class="toast-header">
    <img src="./assets/img2.png" class="rounded mr-2" alt="...">
    <strong class="mr-auto">Bootstrap</strong>
    <small>11 mins ago</small>
    <button type="button" class="ml-2 mb-1 close" data-dismiss="toast">
      <span>&times;</span>
    </button>
  </div>
  <div class="toast-body">
    toast 信息
  </div>
</div>
```

运行代码，点击"toast"按钮，可看到如图8-49所示的效果。

图 8-49　例 8-49 运行效果图

8.4.24　工具提示框 (Tooltips)

工具提示框常用于消息提示说明，类似于弹出框。Bootstrap 工具提示框使用了Popper.js 函数库。工具提示框开发基础用法如例 8-50 所示。

【例 8-50】　工具提示框开发实例。

```
<button type="button" class="btn btn-secondary" data-toggle="tooltip" data-placement="top" title="
向上内容 ">
    向上
</button>
<button type="button" class="btn btn-secondary" data-toggle="tooltip" data-placement="right"
title=" 向右内容 ">
    向右
</button>
<button type="button" class="btn btn-secondary" data-toggle="tooltip" data-placement="bottom"
title=" 向下内容 ">
    向下
</button>
<button type="button" class="btn btn-secondary" data-toggle="tooltip" data-placement="left" title="
向左内容 ">
    向左
</button>
```

在加载完库后需要添加以下初始化代码。

```
<script>
    $(function () {
        $('[data-toggle="tooltip"]').tooltip()
    })
</script>
```

图 8-50　例 8-50 运行效果图

运行代码，点击按钮，会看到如图 8-50 所示的效果。

课 后 习 题

一、1+X 知识点自我测试

1. Bootstrap 的插件全部依赖是 (　　)。

A. JavaScript 　　　　B. jQuery

C. Angular JS 　　　　D. NodeJS

2. 栅格系统小屏幕使用的类前缀是 (　　)。

A. .col-xs- 　　　　B. .col-sm-

C. .col-md- 　　　　D. .col-lg-

3. 表单元素要加上下列的 (　　) 类，才能给表单添加圆角属性和阴影效果。

A. form-group 　　　　B. form-horizontal

C. form-inline 　　　　D. form-control

4. 输入框组想加上图标，可以实现对表单控件的扩展的类是 (　　)。

A. .input-group-btn 　　　　B. input-group-addon

C. .form-control 　　　　D. .input-group-extra

5. 标签页垂直方向堆叠排列，需要添加的类是 (　　)。

A. nav-vertical 　　　　B. nav-tabs

C. nav-pills 　　　　D. nav-stacked

二、案例演练：实现一个可折叠的垂直导航栏

按照如图 8-51 所示来实现一个可折叠的垂直导航栏。

图 8-51　可折叠的垂直导航栏页面效果

参 考 文 献

[1]　范玉玲. HTML5+CSS3+Bootstrap响应式Web前端设计[M]. 北京：人民邮电出版社，2018.

[2]　陈惠红，胡耀民，刘世明. 网页设计与制作(HTML5+CSS3+JavaScript)[M]. 北京：电子工业出版社，2018.

[3]　刘春茂. HTML5+CSS3+JavaScript网页设计案例课堂[M]. 北京：清华大学出版社，2015.

[4]　刘细发，邓庆山. 基于模糊层次分析法的项目牵引式教学评价研究——以"网页设计与制作"课程为例[J]. 职教论坛，2017(32)：62-66.

[5]　何明慧，刘云鹏. 高校"导学互动"模式下"网页设计与制作"课程教学改革实践[J]. 计算机工程与科学，2019，041(0z1)：50-54.

[6]　袁晔. 案例教学法在计算机教学中的应用[J]. 中国职业技术教育,2007(22)：38-38.

[7]　胡晓霞. HTML5+CSS3+JavaScript 网页设计从入门到精通[M]. 北京：清华大学出版社，2017.

[8]　扎卡斯. JavaScript高级程序设计[M]. 曹力等译. 北京：人民邮电出版社，2006.

[9]　未来科技. Bootstrap实战从入门到精通[M]. 北京：水利水电出版社，2017.

[10]　https://www.runoob.com/